大展好書　好書大展

品嘗好書　冠群可期

大展好書　好書大展

品嘗好書　冠群可期

休閒娛樂
4

愛犬的
教養與訓練

池内好雄／著
劉雪卿／譯

大展
出版社有限公司

目錄

第一章　愛犬的教養與訓練

第二章　犬種別訓練ABC

第三章　人類與愛犬的接觸

第一章

愛犬的教養與訓練

PART 1 愛犬的心情

愛犬與人的羈絆

在長久的歲月中，心意相通，相依為命的人與愛犬，已經不再是單純的動物，而是共度人生的好伴侶。希望今後也能加深與愛犬之間的羈絆。

與愛犬一起度過的滿足時光

飼主感到悲傷或快樂時，愛犬只消凝視著飼主的眼光，就能了解到飼主的心情。愛犬隨時都能表現活力與情愛。

在緊張繁忙的生活中，衆人隨時會感覺到心靈的空虛。和動物一起生活，就能塡補心靈的空虛與餘裕。

愛犬具有成為人類良好伴侶的資質。自有史以來，狗便是與人類休戚相關的動物。一旦和愛犬一起生活以後，就難以想像沒有愛犬在身旁的生活了。

但是，你真的了解愛犬嗎？果真了解愛犬的心情嗎？你真能好好地與愛犬相處，生活在一起嗎？

自遠古起，犬與人類的密切羈絆

遠古時代，猛瑪象滅絕以前，人與犬的祖先互助合作，一起狩獵。為了得到糧食，為了和同伴能一起生存，每個人拿著長槍和弓箭，利用野生犬的敏銳嗅覺與勇敢，而捕獲獵物。透過人與犬的互助合作，甚至能捕獲比自己更大的獵物。一群野生犬是聚集在人的部落附近，吃人類的殘餚。但是，漸漸地犬能夠發現獵物，而讓人射中獵物。射獵結束，回到部落以後，衆人會把一部分的獵物給予犬。從這時候起，犬能夠在夜晚時分，通知人們有野獸襲擊的作用，具有看門狗的功用。

在長久的歲月中，漸漸地人、犬心意互通，而相依為命了。有長久牧羊傳統的國家，負責照顧羊，防止狠等危險的野獸攻擊羊的犬們，支撐著人們的生活，成為不可缺少的存在。

不是寵物，而是誠實的陪伴犬

靜靜地撫摸犬或貓的身體，會讓人覺得很舒服。令人感到不可思議的是，連心情都平靜下來了。這時，腦波與心跳數維持安靜的狀態，證明身心都放鬆。在美國，最早發現了令人心情開朗的作用。因此，為了照顧老年人或治療心靈的疾病，以及身心症等，都利用這種方式，極為有益。

此外，代替主人的眼睛，把主人安全地帶到目的地去的導盲犬，或是讓耳聾的人了解狀況的導聽犬，證明了人與犬之間具有強烈的羈絆與信賴關係。

犬不只是供玩賞的動物，也是能與人相依為命的伴侶，稱為陪伴犬較為適合。

一生傾注情愛，是身為飼主的義務

身為人生伴侶的犬，與人類要能夠締結密切的伴侶關係，則人類對犬必須要有所了解。

我們所說的犬，包括能放在手上的小型吉娃娃、或是體重接近七十～八十公斤的聖伯納犬等，各有不同。每隻犬的形成、性格，都有微妙的差距。

此外，因家族構成，其年齡或型態的不同，所飼養的犬的大小或性格，也必須要事先考慮。飼養前，要充分檢討，決定適合自家的犬。愛犬來到家中時，就過著與愛犬同甘共苦的生活了。和愛犬在一起，會使人變得更快樂。

因為忙碌，而無法照顧愛犬，或是因為一些事情的發生，而無法飼養愛犬，把愛犬棄如敝屣的飼主，實在可恨。因此，一定要擁有情愛，一生照顧愛犬。

犬的忠誠心

犬是過著群居生活的社會動物。在團體中，形成命運共同體的意識極強，顯示出深沈的執著與忠誠心。因此，飼主在飼養愛犬時，必須將之視為家中的一員，愛犬就能顯示強烈的羈絆與忠誠心。

加入行列

要讓幼犬先習慣新的家人，這是加入行列的第一步。好好地照顧牠，愛犬也能漸漸地習慣家人，而產生強烈的羈絆。

對待的態度

把愛犬視為家中的一員，經常以情愛之心來對待牠，是很重要的。如果能以最深切的情愛之心來對待牠，犬一定能有很好的回應。如果無人理會犬，對犬而言，真是悲哀的事情。

習慣人類的法則

①接觸時間愈多，愛犬愈容易習慣。此外，幼犬養成習慣較快，較容易習慣。
②和愛犬一起玩，帶愛犬一起散步，給予愛犬食物，滿足愛犬慾求的方式，能使愛犬更容易習慣人類。幼犬更具有這種傾向。

飼主、愛犬與社會的關係

雖然愛犬是動物，但是和人一起生活，愛犬也是社會的一員。讓愛犬遵守社會規則與禮儀，飼主與愛犬就會有良好的社會關係。

在人類社會中，人類與愛犬快樂地生活

犬會吠叫，此為其本能。但是，一定是因為某種理由才會叫。如果犬不論早晚或聽到聲音就會吠叫，會令附近鄰居感到困擾。對於郵差或訪客吠叫的犬，也會令人討厭。

由於飼主過度寵愛，因此養成任性的犬。這種犬除了飼主以外，可能不會有人疼愛牠。有許多犬只能對飼主表現忠誠，而無法與他人打成一片，或是擁有飼主所喜愛的風潮。對犬而言，都是很不幸的事。

傳統上，與犬長久有親密關係的歐美人，在家中一定會好好地管理犬的行動。鄰居都會喜歡犬，訓練愛犬與周圍的人打成一片。和家人一起到遠方去時，也不會擔心會發生任何問

題。要使人與犬必須能好好地生活，人與犬都必須學會禮儀，這一點非常重要。

把犬視為家中的一員

原本犬就是群居生活的動物。在群體中，為了安全確保食物，讓同伴安全地生活，一定會注意到這些問題，並且擁有強而有力的領導者。因此，對於值得信賴的領導者表示忠誠，是犬的本能行爲。

此外，在群體中，分別有能力的上位犬與較軟弱，需要受到保護的犬，形成有秩序的團體。現在，犬仍然承襲著這種本能。目前，在家中所飼養的犬，必須把牠當成是家中的一員。對犬而言，團體中的領袖就是飼主，其他的家人也會有不同的順位。比自己小的孩子，會視為下位，是應該要受到保護的存在。能夠了解自己在家人中，是居於何種地位。

一定要使犬遵從飼主

但是，受到寵愛或任性成長的犬，根本就不聽飼主或家人的使喚，自以為是，高高在上，就會依其本能，而展開行動。如此一來，愛犬對於主人或家人的命令會充耳不聞。因為沒有值得尊敬的領導者存在，甚至牠會認為自己是最偉大的領導者。

因此，一定要讓牠確實了解飼主是領導者，才能夠建立信賴關係。

總之，犬需要團體中的領導者。能夠給予牠食物，提供一安全而舒適的住處的，就是飼主。讓愛犬了解這一點，非常重要。

因此，從小開始的飲食或生活的訓練，非常重要。

讓犬習慣規律的生活

看到人就興奮得又跑又跳又叫，或是動不動就和其他的犬打架，而無法帶出去散步的犬並不少。

一旦和人類一起生活，犬也會成為人類社會的一員。一定要讓愛犬習慣周遭的狀況，對於街上發生的事情或噪音等，不要感到害怕。從幼犬時代開始，就要帶牠到各種場所去。要經常接觸外面的世界，防止突然衝出去的危險性，這是必要的做法。

飼主外出或家人不在時，犬吠叫個不停或生氣地咬東西，是令人感到困擾的事。

家人不在的時候，也要訓練犬能獨自過活。日常生活中，留下犬獨自在家中的日子並不少，因此要訓練犬能在家中看家。

要讓愛犬遵守人類的社會規則，才不會造成人類的困擾。一旦愛犬嬌縱成性或吠叫養成癖性，愛犬就不會受到人類的喜愛，而容易遭遇不幸，切不可忘。

犬社會的順位制

犬是以順位制為基礎，在個體關係中生存的動物。受到寵愛或在自由奔放的情況下生長時，成長以後，就會向飼主或家族內的順位挑戰，而儼然擺出一副大老闆的姿態。

犬的服從性

犬在團體中，對於領導者與占優勢者絕對信賴、服從。這是因為犬社會中，有所謂順位制。幼犬出生後5個月開始，就要讓牠將飼主視為領導者。

飼主為領導者

從幼犬時代開始，家人便要教導幼犬分辨善惡，開始進行訓練。在溫柔與嚴格中，讓愛犬能尊重飼主，了解自己在家族內的地位。

訓　練

犬的教養與訓練，有助於確立飼主與犬的主從關係（心理的支配），將飼主視為是領導者，就能充分引出犬的服從性。對於犬而言，適應家族或社會生活而言，也是不可或缺的方法。

PART 2 初次教養

容易教養的犬的培育方式

為了培育容易教養的犬，要充滿愛心來對待犬，加深人與犬之間的信賴關係。在飼主的呵護下長大的犬，對飼主的信賴頗深，也容易聽話。

訓練始於人與犬之間的信賴關係

開朗、坦率，具有穩重性格的犬，是容易教養的犬。最重要的是，要讓牠適應飼主。教養犬的目的，是為了教導犬在人類社會生活的規則。由於人與犬一起生活，所以必須要協調。在這社會上，並非所有的人都喜歡犬。因此，犬需要教養。不過，有一些教養是違反犬的本能的。

對犬而言，這時牠必須做牠不喜歡的事。因此，必須要有能配合的體力與氣力。能夠依賴的，就是對飼主的強烈信賴感。

人與犬之間的信賴關係，關鍵在於情愛。但是，飼主過於寵愛犬，或是視自己的心情來對待犬，則這是背叛犬，會使犬的性格產生偏頗。

一旦無法產生信賴感時，對於犬的教養便無法順利進行。犬能夠配合飼主的情緒，因此要打從心底讓幼犬感到安心，灌注穩定的情愛，隨時不變。

以規律正常的生活使身心健康

人、犬開朗健康的心靈始於健康的身體，所以身體為第一要件。

要創造健康的身體，要擁有營養均衡的飲食，以及清潔舒適的環境、大小便排泄的收拾、刷毛等等的處理，再加上適度的運動，都是對於幼犬的照顧。在這其中，欠缺任何一種，都無法保持幼犬的身心健康。

生活要規律正常，好好地生活，才能培養體力，也能夠培養出適應或教養的氣力。

此外，也需要注意體調，像下痢、嘔吐、發燒等身體的異常症狀，只要平日多注意犬的狀態，就能夠察覺。

讓愛犬盡情玩，與牠說話，能夠培養容易聽話的犬

也許，各位認為理所當然，但是犬不會聽人所說的話。不過，犬卻可以利用吠叫聲或各

種身體語言來傳達訊息，是讓人容易了解其感情的動物。

請仔細觀察犬，只要了解犬的心理或習性，便能合理而輕鬆地進行教養。

此外，要充分讓幼犬玩。在幼犬時代充分遊玩的犬，能夠培養其開朗的性格與集中力。

平常，就必須若無其事地和愛犬說話，很自然地犬就會注意到飼主的話語。犬能夠透過人的聲調、表情、動作等等，而了解意義。

觀察犬，好好對待犬，才能夠培養出聰明的犬。

培養不討厭人類的手的犬

教養時，最初不只是利用語言，也要觸摸犬的手、腳和身體來教導。觸摸犬的時候，可能犬會高興地搖搖尾巴，但是牠覺得不高興的時候，恐怕就無法好好進行教養了。

平常就要好好地抱牠、撫摸牠，使人與犬之間的親膚關係更為親密，進而使犬成為在受到觸摸時，會變得溫馴，而且很高興，喜歡讓人的手觸摸的犬。

這也是犬情愛表現的一種。但是，當犬的身體受到觸摸時，犬用全身的力量飛撲過來，為了避免讓犬表現任性的一面，因此必須要改正這種壞習慣。

一隻手按住犬的身體，而用另一隻撫摸犬的耳朵與胸部。犬張牙舞爪時，如果飼主慌慌張張地把手抽回來，幼犬會覺得很有趣，而更加地喜歡這麼做了。因此，必須要注意。

習慣於人手的犬，不知不覺中，就會注意到飼主的手和眼睛。給予食物或玩具時，讓犬注意飼主的手或眼睛，然後再交給牠，對於今後的教養或訓練，就會更加容易了。

教養的重點

教養犬的要件，是人犬關係要良好。幼犬特別容易與人親近，所以要好好地疼愛牠。

幼犬來到家中時，要溫柔地向牠打招呼，並抱牠。人犬之間的親膚關係最為重要。

教養時，絕對不能焦躁，要慢慢地進行……。要很有耐心地教導，才是重點所在。

 教養時，儘量用簡單的言語或動作來教導，困難的言語愛犬很難教導。	 每天花5～10分鐘的時間進行訓練即可。時間太長，犬會感到厭倦，而討厭接受教養。	 首先，要教導犬「等一等」、「暫時不准吃」等，讓犬習慣、忍耐的事情。
 要親自教導愛犬分辨好壞，不要因為是幼犬，就過於寵愛，否則將來會成為惡犬。	 項圈要稍微鬆一些（能夠伸入2根手指的程度），避免使用細繩。	 向不習慣人類的犬伸出手時，雙手必須朝上。
 若圍繞愛犬的環境豐富，就能夠使其成為活潑、好奇心旺盛的犬，也能提高智慧。	 犬休息時，要保持安靜，不可妨礙其睡眠，也不可以出手干涉。	 為避免犬受到他物的吸引，必須選擇在安靜的地方進行教養。

訓練愛犬的基礎知識

教養的基礎在於強烈地使用「不行」、「不可以」來責罵犬，同時用「很好，很好」的方式來稱讚犬。訓練時，飼主要做好一定的決定，掌握時機是最重要的。

訓練的基本在於反覆的叱責與讚美

要教導不經世事的幼犬融入人類社會中，自然是很困難的事情。但是，相信各位一定能從中感受到喜悅。訓練的大原則是隨時隨地要讓犬遵從飼主，因此飼主絕對不能表現出曖昧的態度，而要以明確的態度來對待犬。

訓練基礎在於反覆地稱讚與責罵犬。

犬做了不該做的事時，就要以強烈的語氣說「不行」、「不可以」。犬能做到主人所吩咐的事時，就要溫柔地稱讚牠，說「很好，很好」。重複多做幾次，讓犬記住。

剛開始時，飼主可以用語言或動作來示範，或是牽著犬的手腳反覆教導牠，然後慢慢地只以語言讓犬展現行動。

犬的訓練中。有一些是犬很快就能學會的，而有一些則是犬難以實行的。剛開始時，無法立刻記住，然而只要犬努力，飼主也不能夠焦躁，要不斷地忍耐。要充分了解犬的習性，儘可能用簡單的方法，傳達自己的意思。

以強烈的叱責，充分的稱讚，表現出明確的賞罰態度

責罵與稱讚時，掌握時機最為重要，一定要立刻傳達自己的心意。

犬認為自己的行動與飼主的反應有關，而藉此來判斷自己做的是好事或壞事。如果隔了一段時間再責罵牠，那麼犬根本就不知道甚麼事該做，甚麼事不該做。

同樣地，有時罵、有時不罵，犬也會覺得混亂。責罵時，一定要清楚地責罵，以便讓犬有所了解。尤其是在看到犬做危險的事情時，要體罰牠，以便讓牠有所覺悟，要嚴厲地責罵牠。但是，一味地責罵，會使犬變得萎縮或反抗，所以責罵只能夠在瞬間進行。這一點一定要記住。

犬對於飼主的情緒非常敏感，所以絕對不能情緒化地發怒。訓練絕對不能過猶不及，要以冷靜的態度來處理。

附帶一提，有的犬是一旦受到責罵時，就無法再振作起來的神經質的犬。雖然不能一概

而論，但是責罵的行為會對犬的情緒造成影響。

不過，有時稱讚會比責罵更加有效，對人類或犬而言，都是如此的。

稱讚時，要撫摸其頭或喉部，建立親膚關係，好好地稱讚牠。飼主的喜悅傳達至犬，犬的內心深處會感到很高興，使訓練能夠更加進步。

訓練要秉持一貫性

前一次責罵犬，說「不行」，這一次卻允許牠做。依照當時的心情來叱責牠，或允許牠去做，犬就無法做出正確的判斷，這不是好的訓練。

訓練時，全家人必須要做出一致的決定，這一點非常重要。若家中的任何一人因為疼愛犬而放棄原則，所有的努力都會付諸流水，所以一定要徹底執行。飼主和全家人必須要使用相同的話語，如「不行」、「很好」等字眼，避免使犬產生混淆感。

配合犬的發育進行有效的訓練

在幼犬蹣跚學步時，就要開始進行大小便的訓練了。犬亂吠叫是令人感到困擾的問題。由於幼犬有本能的警戒心，所以在犬出生後三個月內，就要矯正其亂吠叫的習慣，才能產生效果。制止犬動作的「等一等」，或是要牠暫時坐下來的「不准吃」的訓練，都是愛犬訓練的基礎。在與人類生活在一起的社會中，為了避免產生麻煩，這都是必要的訓練。愛犬的訓練是，從生活中基本的訓練開始到犬擴大行動範圍時，不可或缺的禮儀為止，有各種的訓練。要配合犬的發育階段，一步一步毫不勉強地來教導。

訓練時，常使用的語言和動作

做了壞事，加以責罵時要制止犬的行動時	稱讚時	讓牠待在某個場所時
●不行	●很好，很好 ●好孩子 ●真聰明	●等一下 ●等一等

訓練所需的用具

套環	項圈
代替項圈，從肩膀連結整個身體的環。對於頸部不會造成負擔，因此拉扯力較強的犬可在運動時使用。	有許多種項圈，一般為皮製項圈，配合成長，調節使用。

●過來	●坐下	●趴下	●休息	●後退	●進屋
叫喚犬到身邊時	要犬坐下時	要犬趴下時	要犬以輕鬆的姿勢趴下	讓犬跟在人的左側行走	讓犬進入狗屋時

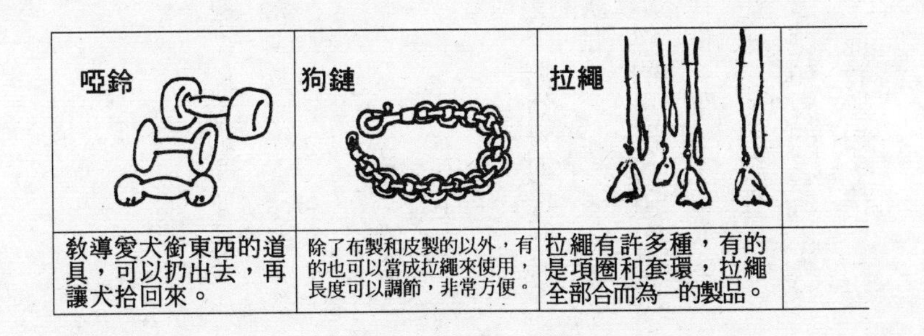

啞鈴	狗鏈	拉繩
教導愛犬銜東西的道具，可以扔出去，再讓犬拾回來。	除了布製和皮製的以外，有的也可以當成拉繩來使用，長度可以調節，非常方便。	拉繩有許多種，有的是項圈和套環，拉繩全部合而為一的製品。

生理方面的教養ABC

迎接幼犬，從這一天開始的，就是大小便的訓練。發現排泄的訊息時，立刻帶牠到廁所去！若疏忽、犯錯，必須立刻當場責罵，掌握時機非常重要。

如廁的訓練從迎接幼犬回來的這一天開始

成為家庭中一員的牠，是大型犬還是在室內飼養的小型犬呢？總之，把幼犬迎接回家中時，一定要準備一個能讓牠安心休息的狗屋，或清潔的廁所，來等待著牠。

從幼犬來的這一天起，必須注意的就是訓練的問題。要牠記得在一定的場所如廁，是最初要進行的訓練。尤其是室內飼養的愛犬，不好好訓練的話，會弄髒房間，而喪失飼養犬的樂趣。原本犬就喜歡乾淨，通常會在外面排泄，具有不會弄髒自己的起居場所的習性。

因此，來到家中的這一天，就要觀察幼犬的狀況，很有耐心地教導牠如廁的場所，應該不會很困難。有的犬記性很好，很快就學會了。但是，因幼犬的不同，而有差距，快則一天，慢則一～二週內便能熟悉。

發現排泄的訊息時，便立刻帶牠如廁

剛來的幼犬還有一點興奮，再加上在回家的途中，沒有排泄的機會，所以到了家裡時，立刻就會想要上廁所。

幼犬不斷嗅地板，坐立不安時，就是想要排泄的訊號。這時，要立刻帶牠去上廁所，輕輕地把牠放下來，說「小便吧！」、「噓噓吧！」

即使沒有立刻排泄，也要觀察情形一陣子。如果做得很好，就要稱讚牠「很好，很好」，並溫柔地撫摸牠。然後，再讓牠喝水，靜靜地讓牠休息。

上廁所的訓練中，催促排泄的語言非常重要。養成習慣以後，即使沒有尿意，聽到飼主的話，也會排出少量的大小便。不論使用任何話語都可以，不過全家人一定要用相同的語言。

失敗前或失敗後再責罵牠呢？

通常，幼犬醒了以後會排尿，用完餐以後會排便。每隔二～三小時會排尿，所以必須注意觀察幼犬，發現想要如廁時，便帶牠去上廁所。若發現幼犬在廁所以外的場所排泄，必須立刻把幼犬抱起來，責罵牠不行，帶牠去上廁所。

有時候，發現得太遲，來不及的時候，絕對不要在牠上廁所的時候責罵牠。結束以後，要立刻責罵，按捺住同情心，把牠帶到失敗的場所，按住牠的鼻子，大聲地叱責說「不行」。隔了一陣子再責罵，就沒有效果，因此必須要注意。

把失敗的場所打掃乾淨，用除臭劑消除氣味，因為若殘留著氣味，牠又會在相同的場所如廁了。剛開始時，幼犬不知道自己何以受到責罵，但是這種情形重複好幾次以後，牠便能漸漸地了解了。

犬容易排泄的場所

要讓愛犬上廁所，儘可能要讓牠在家中決定好場所如廁。通常，上廁所的場所是室內安靜的角落，或陽臺、走廊的一角、浴室等等。如果是室外，則是庭院的角落。不要距離幼犬的起居場所太遠，如果是室內犬，可以利用比身體稍大的市售寵物用廁所，會更加方便。

在室內排泄時，要在塑膠布上舖上報紙，讓牠在報紙上排便，養成習慣，也是一種方法。外出時，也能使用這方法，既簡單，又能感到安心。更換報紙時，下方殘留氣味的紙不要丟棄，只要換掉上面的紙，較容易進行排泄的訓練。

此外，如果沒有充分的時間可以照顧幼犬，或是不願意弄髒昂貴的地毯時，在圍欄中準備好睡床、水，以及舖上市售寵物床單的廁所，讓犬進入裡面。在地板上，舖上塑膠紙或報紙，然後再舖上寵物床單，只要犬學會了在寵物床單排泄以後，再讓牠走出圍欄。

如果在散步的中途排泄，當然要把糞便帶回來，同時排泄場所也必須要多加注意，不可為別人帶來麻煩。

訓練的重點

1 若不斷嗅地板或坐立不安時，就是排泄的訊號了。

2 立刻對愛犬說「等一等」，然後把牠抱到廁所去。

3 對牠說「小便吧！小便吧！」催促其排泄，要很有耐心地對待愛犬。

4 愛犬排泄好以後，走出廁所，要稱讚愛犬。

5 看到愛犬即將隨地大小便時，要對牠說「等一等」，然後把牠帶到廁所去。

6 如果已經犯錯，要把牠帶到犯錯的地方，按住牠的鼻子當場責罵牠。

7 為避免犯錯的場所留下氣味，要仔細擦拭，進行消毒。

8 在廁所能夠好好排泄的話，就必須要稱讚牠。

飲食方面的教養ABC

每一天要在一定的時間、一定的場所，以相同的食器給予食物。除此以外，不要隨便讓牠吃東西。此外，在做好「坐下」、「暫時不准吃」的訓練以後，再說「好」，才可以讓犬開始吃東西。

除了在決定好的時間以外，絕對不能給予食物

對幼犬而言，用餐是非常幸福的時刻。給予適合幼犬發育的飲食，創造健康的身心。此外，從幼犬時代，就好好地訓練，養成注重禮儀的飲食習慣。

幼犬的食慾旺盛。飲食的內容要求取營養均衡，給予容易消化的食物。配合月齡，可以利用狗食，也非常方便。總之，要觀察幼犬吃的情形與糞便的狀態，來進行調整。

此外，出生後一～六個月的幼犬胃還很小，必須注意不能造成負擔。飲食方面，分為早、午、晚餐、夜晚等等，一天給予三～四次。

每天儘可能在相同的時間，在決定好的場所使用相同的食器，讓愛犬吃東西。食物除了決定好的用餐時間以外，絕對不可以給予，這一點非常重要。

尤其是室內飼養的犬，大多很喜歡在人類用餐時，吃人類所吃的東西。但是，如果讓牠一起吃，牠就會覺得飼主吃東西，自己當然也要吃東西，而會吠叫著催促飼主。

此外，也可能隨意吃兒童的食物，或是吠叫著想要吃客人的東西。這都是不好的事情，所以一定要嚴格地訓練。

在「暫時不准吃」的訓練以後，再給予愛犬食物

給予食物時，將食器置於愛犬的前方，首先要對牠說「坐下」。然後，手伸到愛犬前方，利用「暫時不准吃」或「等一等」的說法，命令牠等待。在聽到「好」的說法時，才可以開始吃東西。不過，起初不要讓牠等太久。

允許牠吃東西以前，如果犬做出開始吃東西的動作，則應該把食器拿起來，拉住牠的項圈，命令牠「坐下」。在牠還沒有好好等待以前，要一再地利用「等一等」的說法來教導牠。

此外，飼主手捧食器，命令愛犬「坐下」、「等一等」。在說「好」以後，再把食器放在愛犬前方，也是有效的訓練。

讓食慾旺盛的幼犬等待，對牠而言，是很可憐的事情。但是，貪婪地吃食物的愛犬，實

給予食物的高明方法

1

在一定的場所、一定的時間，以相同的容器給予犬食物，這是基本要件。養成正常規律的給予習慣，非常重要。

2

擱置時間為20分鐘左右，若擱置時間太長，會養成犬邊吃邊玩的習慣，也很難掌握食慾。

3

不可以讓犬養成偏食的習慣，即使對食物的內容感到厭煩，也不可以立刻更換。此外，不可以只給牠吃牠喜歡吃的東西。

4

不可以給犬吃零食。如果給予零食，則必須要放入犬的食器中，放在相同的場所給予。

在不值得稱許。為了讓犬乖乖地進食，一定要好好地教導牠。

從幼犬時期開始，就必須要培養牠好好吃東西的訓練。從小開始，在吃東西的時候，飼主就必須要在一旁細加觀察。

如果不能集中精神進食，而一邊玩一邊進食，就把牠帶回食器前。用餐時，如果食物撒在食器周圍，也許是食器的大小與尺寸不合，就必須要更換適合其體格的食器，或是把食物分成小塊再給予，要讓牠吃乾淨。

當然，掉落的食物不准再讓牠吃。

如果犬吃食器以外的食物，要叱責牠，說「不行」，而要牠吃食器內的食物。如果允許牠把食物撒在食器外，或是吃撒在食器外的食物，會養成犬撿東西吃或偷東西吃的習慣。為避免養成不良的習性，因此一定要好好地訓練。

此外，也不能讓愛犬偏食。通常，愛犬偏食是因為飼主的寵愛與運動不足所致，所以不要給他吃零食，而要讓牠充分運動。

以強烈責罵的方式改正飲食中的壞習慣

犬從野生時的本能，就是有守住自己糧食的習性。

如果在犬用餐接近牠，很可能會被咬，這是犬本能的行動。

家人用餐時，吵鬧的犬的矯正法

家人用餐時，即使犬吵鬧，也不能夠給予。

犬接近桌子時，要責罵牠，說「不行」，用手制止牠。

如果犬不聽，還是要接近桌子，吵著要吃東西的話，必須「啪」地打牠，施予體罰。

不過，如果犬對飼主或家人露出尖牙利齒，這是絕對不允許的。

為了矯正這種壞習慣，先從犬最容易聽從命令的飼主給予飲食，是第一重點。

飼主拿著食器，用手拿著一半的食物餵給犬吃，然後，再把食器置於地上，用手調拌食物，觀察犬的情形。

犬嗚嗚地吠叫時，必須注意避免被犬咬，同時要強力叱責牠「不行」。

如果犬還做出反抗的態度，就必須給予體罰。輕輕敲打犬的弱點鼻尖，或是捏牠的耳朵亦可。

反覆做幾次以後，就可以改正這種壞習慣。

PART 3 教養與訓練

不行與好

訓練愛犬與訓練兒童一樣，要給予叱責或稱讚。因此，在日常生活中，很自然地稱讚或叱責犬。

「不行」，必須充分活用犬的記憶力

必須責罵的時候，光說「不行」，如果能提升效果，是最好的方法。

但是，犬卻不了解人類語言的意義，只是犬的記憶力非常好，所以一定要活用這種記憶力。

對牠說「不行」時，是以甚麼樣的方式來教導牠呢？用身體來讓牠記住，是最好的方法，同時，也能藉此活用犬的記憶力。

因此，從出生後二個月開始，做了不該做的事時，就必須要出聲責罵牠「不行」，並且把報紙捲起來毆打牠的臉，或是徒手打牠的臀部，施予體罰。

毆打的強度只要讓犬停止牠所做不該做的事（例如：咬拖鞋等），就可以了。

此外，犬因為不小心而大小便時，就在這一瞬間，讓犬的鼻子靠近弄髒的場所，責罵牠「不行」或徒手毆打牠的臀部。

責罵時，要掌握瞬間，冷靜進行

犬做了壞事時，要立刻責罵。因為事後才責罵，犬也不知道自己何以受到責罵。重複掌握瞬間的責罵時，利用責罵，不需要毆打，只要說「不行」就能夠制止犬做壞事。如果還是無效，就不要只是對牠說「不行」。

為了讓牠確實記住「不行」，可以使用先前的方法來教導牠。

此外，與其大聲地吼叫，還不如重視逼人的氣氛。但是，絕對不是情緒化的發洩，要經常保持冷靜、嚴肅的態度。

依犬的性格，而有所不同，毆打牠反而無法進行訓練。有的犬只是說「不行」，或是用手制止，就足夠了。因此，要分辨犬的性格，使用不同的責罵方式。

日常生活中，讓犬記住「好」這個字

與責罵一樣重要的，就是稱讚。但是，在教導犬「好」的時候，不需要特別選擇時間。

各種不行

責罵犬時，氣魄非常重要，絕對不能情緒化地責罵，如此會使犬害怕、畏縮。

責罵時，即使犬不愉快，也必須清楚地說「不行」。

即使責罵「不行」而沒有效果時，大多是因為犬無法記住「不行」的聲符。

如果沒有效果，絕對不要大聲地吼叫，發出聲音時，要保持平穩的語調。

用手打犬時，一定要徒手進行，絕對不可以使用拳頭。

即使說「不行」，同時用手制止，也無法讓犬停止做壞事時，就必須要表現出更明顯的態度。

各種好

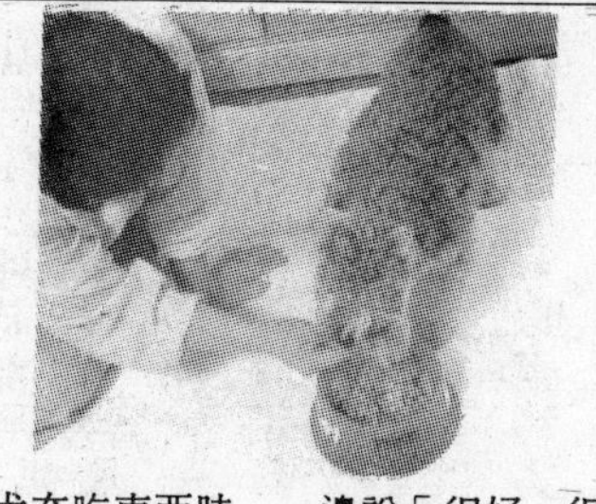
犬在吃東西時，一邊說「很好，很好」，一邊把食物擺在犬面前。

一起玩時，一邊說「很好，很好」，一邊撫摸愛犬的頭，建立親膚關係，非常重要。

帶犬去散步時，對犬說「很好，很好」，同時把拉繩拴在頸圈上。

以「很好，很好」的聲符來訴說，但是不要只是用語言，而要用整個身體來傳達喜悅的心情。

衷心地說「很好，很好」，能使愛犬感到幸福，並充滿滿足感。

吃東西時，吃完以後，也要對犬說「很好，很好」。

在日常生活中，隨時都可以掌握機會進行。

散步時，犬會非常高興，這時要對犬說「很好，很好」，而牽著牠的繩子。

在公園或庭院中和犬一起遊玩時，可以用很高興的聲音，對犬說「很好，很好，很好」。這時，犬就會搖搖尾巴，表示喜悅。這時，也可以溫柔地對犬說「很好」。

給予食物的時候，說「好」以後再給予。犬吃東西時，也要對牠說「很好」。犬吃完以後，撫摸牠的頭，對牠說「很好」，再把食器收拾乾淨。

日常生活中，以這種方式使犬感到喜悅，這時候就可以教牠「很好」的意義了。

對犬而言，被飼主稱讚「很好」的時候，也就是牠做了令飼主高興的事情。不過，只是說「很好」的話，犬並無法了解，所以要打從心底感到滿足。

用非常喜悅的聲音對牠說「很好」，那麼犬也會感到很喜悅。

等一等與過來

需要犬的自制心的「等一等」，與雙方信賴關係的決定性關鍵「過來」。和家人一起生活時，這訓練非常重要。

利用繩子的長度，進行「等一等」的訓練

制止犬動作的「等一等」，必須要循序漸進地進行。

最初，與犬面對面，讓犬坐下，對牠說「等一等」。然後，攤開一隻手，做出「等一等」的指示。然後，人與犬面對面，慢慢一步一步地後退。

這時，犬跟過來的話，用一隻手做出手勢，同時對牠說「等一等」，觀察狀況。如果犬還是在動，就讓牠坐回原來的位置，重新再來。

重複進行，如果犬不動，則回到犬的身邊稱讚牠。

剛開始時，綁上繩子，利用繩子的長度來取得距離，待牠確實學會等待以後，一邊說「等一等」，一邊朝左右移動，如果犬能夠等待，再回到犬的身邊稱讚牠。

拉長繩子的距離，如果犬還是學會等待，就放開繩子，對牠說「等一等」，漸漸地拉長二人的距離。如果犬能乖乖地等待，則抱持喜悅的心情，好好地稱讚牠。

在人群中也能等待

學會以後，背對著犬離開。

剛開始時，說「等一等」，背對著犬離開，要偷偷地觀察犬的情形，雙方距離二十～三十公尺遠，發現中途犬在動時，必須對牠說「等一等」，再回到原來的場所開始訓練。如果不動，雙方面對面，這時犬可能會立刻回到你的身邊。因此，在面對面時，不要忘了對牠說「等一等」。如果犬做得很好，再回到犬所在的場所稱讚牠。

能夠乖乖地等待以後，也要讓牠在人群中學會等待。可以在公園對牠說「等一等」，然後稍微拉長距離，讓牠等待五分鐘試試看。

「過來」必須重視雙方的信賴關係

學會等待以後，接著要學會「過來」。

拉長繩子，在這種狀態下，讓犬等待，然後對牠說「很好，過來」。拉一拉繩子，叫喚犬過來。

這時，如果犬不動，必須溫柔地對牠說：「過來。」稍微用力地拉繩子。犬依言過來時，就要以「做得很好」的態度來對待牠，摸摸牠的頭，讓犬坐下，再稱讚牠。叫喚「過來」，而犬很高興地來到你的身邊時，這表示二人在日常生活中，已經建立了基本的信賴關係，所以平常就必須要注意這一點。

叫喚犬「過來」而犬立即很高興地來到身邊，這時，可以一邊說「過來」，一邊後退，並叫喚犬。犬仍然很高興地飛奔過來，有可能會越過人，這時，人就必須往前走一、二步，讓犬減緩速度。

如果到此為止也能做得很好，就可以使用比原來的繩子更長的東西，必須注意，繩子不要絆倒了犬。

最後，只要用繩子控制，只叫「過來」犬就會過來，進行不需要繩子的「過來」的練習。鬆開繩子時，剛開始不要讓犬察覺到繩子已經鬆開了。

等一等①

叫犬坐下，攤開右手，對犬做出「等一等」的手勢，同時，對犬說「等一等」，好像制止一般地命令牠。

與犬面對面，人靜靜地往後退，距離犬稍遠，如果犬站起來或有動作則必須要以「坐下」或「等一等」的語言來提醒牠注意。

來到犬的身邊，再次要犬坐回原來的位置。如果犬能坐在那兒一動也不動，就來到犬的身邊，稱讚牠說「很好，很好」。

等一等②

這一次，背對著犬離開，放掉拉繩或拉較長的繩子，對犬說「等一等」，確認犬的樣子，背對牠離開。

距離犬稍遠，停在那兒，面對著犬，對牠做出「等一等」的手勢，並且對牠說「等一等」。

如果犬乖乖地坐在那兒，則回到犬的身邊，對牠說「很好，很好」，同時撫摸牠，稱讚牠。

過來①

命令犬「等一等」，同時放長拉繩的長度，距離犬稍遠，讓牠等待一會兒以後，命令牠過來。

如果犬不過來，則利用拉繩使其靠近，絕對不能由人主動走向犬，一定要讓犬走過來。

犬來到身邊時，就要撫摸牠，對牠說「很好，很好」，稱讚牠。

過來②

叫喚以後，為了使犬立刻跑過來，必須對著犬，然後倒退，再把犬叫過來。

叫喚犬時，也必須用拉繩給予犬震撼。但是，必須在瞬間用力拉緊拉繩。如果動作太過遲緩，會造成反效果。

如果使用較短的拉繩。犬能夠做得很好，可以改使用較長的拉繩試試看。要使犬確實學會，一定要用拉繩來練習。

坐下、趴下、休息

訓練的第一步為「坐下」或「趴下」，以及「休息」的訓練。要教會犬這些基本動作。

「坐下」是訓練的第一步

「坐下」是訓練犬的第一步。開始飼養犬時，很多人最初都會教犬坐下。先在寧靜的場所，或是自宅的庭院中教導。

用拉繩與犬面對面，對牠說「坐下」，把手置於犬的腰部，用力往下按，叫牠坐下。犬坐下以後，立刻拍拍牠的背部。稱讚時，如果犬站起來，再讓牠坐下來，然後再稱讚牠。

如果犬一直坐在那兒，就停止撫摸，而讓牠坐在那兒一會兒以後，要牠站起來。然後，漸漸地不要按下牠的腰，也讓牠能夠自己坐下。如果只是用語言，犬不知道要坐下，則必須拉拉繩，給予頸部輕微的震撼，採用這種方法亦可。

在安靜的場所學會坐下以後，然後帶牠到公園或路上去散步，也可以教導牠「坐下」。最後，不論是在哪一種狀態下，只要說一次「坐下」，犬就能夠坐下，這才算是訓練完成。

「趴下」是培養犬的服從心

接著，教導犬「趴下」。但是，必須在完成「坐下」的訓練以後，再教導牠。

最初，由坐下的姿勢開始訓練，是基本的方法。

要犬坐下，而人與犬則面對面，人也坐在那兒，並對犬說「趴下」，靜靜地拉著前腳，讓犬保持趴下的狀態。

人保持這姿勢，對犬說「趴下」，並且撫摸犬，稱讚牠。

保持趴下的狀態時，把繩子拉短一些，不要讓犬中途站起來。

其次，從犬站立的姿勢教導牠趴下。

先說「趴下」，把繩子拉短一些，把犬拉到地面。有時候，犬會不願意。不過，如果犬能夠做好趴下的狀態，請不要忘了稱讚牠。

犬能由站立的姿勢做到「趴下」的姿勢時，再進行走路時，聽到「趴下」的命令，也能夠趴下的訓練。

如果不能立刻趴下，則把繩子拉到地面，使其趴下，牠依言趴下時，就必須好好地稱讚牠。

利用「休息」的訓練，使犬放鬆

「趴下」是隨時都能飛奔而出的姿勢（臨戰姿勢），長時間持續下去，會使犬感到痛苦。因此，如果長時間要犬等待，則應該由「趴下」的姿勢更換為腰部朝側面躺，保持放鬆的「休息」姿勢。

方法是首先由「趴下」的姿勢進行訓練。犬趴下以後，輕輕地用手把牠的腰部推向側面，對牠說「休息」。腰部輕易地會倒向地面，不需要強大的力量。

當然，「休息」比起「趴下」而言，是輕鬆的姿勢，犬立刻就學會了。

完全學會「休息」以後，不需要推牠的腰部，只要用手指對牠說「休息」，牠就能夠朝側面倒來休息。再次指著牠的腰部，對牠說「趴下」，讓牠恢復至原先趴下的姿勢，進行這種訓練。

如果無法從「休息」的姿勢，立刻轉換為「趴下」的姿勢時，則用雙手按住犬的腰部，讓牠回到「趴下」的狀態。重複訓練中，牠就能學會「趴下」與「休息」的姿勢了。

不論任何情況，如果能做得很好，一定要撫摸其背部，很高興地稱讚牠。

坐下①

坐下分為坐在人的正面或左腳側二種。首先，與犬面對面，對牠說「坐下」，用手按下犬的腰部。

一邊對犬說「坐下」，一邊溫柔地撫摸牠，犬坐下以後，要立刻撫摸牠的背部等，稱讚牠。

如果犬站起來，再次把手置於腰部，讓牠坐下，並且一邊對牠說「很好，很好」，一邊溫柔地撫摸牠，稱讚牠。

坐下②

學會在安靜的場所坐下以後，然後再帶牠到公園等周遭有人的場所，命令犬坐下。

如果犬無法立刻坐下，則以相同的方式，再次命令牠坐下。

如果還是無法平靜下來，則輕輕毆打犬，教導牠坐下。

趴下①

犬由坐下的姿勢轉為「趴下」的姿勢時，先讓犬坐下，然後與犬面對面，把拉繩往前拉，或是抬起前腳，讓犬趴下。

犬保持趴下狀態的話，則把繩子拉短一些，好像往下壓一般地保持這種姿勢。如果犬做得很好，就要稱讚牠。

趴下②

教導犬由站立的姿勢趴下時，讓犬在人的側面，把繩子拉短，對牠說「趴下」。同時，把繩子拉到地面。

繩子往下拉，保持趴下的姿勢，如果犬立刻趴下，要稱讚牠「很好，很好」。

休息

用手推保持犬的姿勢的腰部。

對犬而言「休息」是輕鬆的姿勢。犬做得很好時，要溫柔地稱讚牠。

等一等、跟過來

輕鬆地教學，或是有事時，要犬耐心地等待。這時，使用「等一等」與「跟過來」的訓練，對於人、犬的共同生活而言，是不可或缺的訓練。

利用「等一等」教導犬學會忍耐

「等一等」是為了讓犬回到飼主的身邊以前，要犬長時間等待，而使用的訓練。這時，要讓犬保持趴下的姿勢來等待。

最初，在安靜的場所，讓犬保持趴下的姿勢，清楚地對牠說「等一等」，然後背對著犬離開。這時，一邊觀察犬的樣子，一邊離開。

距離稍遠以後，回頭觀察犬數分鐘。如果牠能好好等待，再回到犬的身邊，一邊撫摸其身體，一邊稱讚牠。

中途，如果犬開始動，則必須嚴格地對牠說「趴下」，然後再次回到犬的身邊，對牠說

「等一等」，然後背對著牠，以相同的方式離開。等犬學會以後，再慢慢拉開與犬之間的距離。

如果能夠學會，接著就必須訓練犬，直到看不到飼主，也能等待下去為止。

首先，對牠說「等一等」，然後躲在圍牆後面或樹蔭下，不要讓犬發覺觀察犬的樣子。過了一～二分鐘以後再出現，對牠說「等一等」然後再次躲起來。

然後，過了三～四分鐘，觀察犬的情況，接著再出現，慢慢地回到犬的身邊，撫摸牠的身體，稱讚牠。

飼主出現時，如果犬很高興地飛奔過來，則必須對牠說「趴下」、「等一等」，觀察情形，然後再回到犬的身邊。

這訓練必須要多花一些時間進行，這麼一來，犬就能在沒有人的時候，也能花較長的時間等待。

能夠輕鬆散步的「跟過來」

接著，是做「跟過來」的訓練。帶犬去散步時，要注意不要被犬拉著往前跑，也不要絆住腳，要讓犬跟隨飼主，該快的時候快，該慢的時候慢，要如此訓練犬。

首先，帶犬出門。走路時，如果犬不住地拉著繩子往前跑，則必須放鬆繩子，然後用力地拉緊繩子，給予犬頸部震撼。在犬感到不快的同時，命令牠「不要拉」。犬拉住繩子往前跑時，立刻給予牠震撼，犬就不會拼命地拉住繩子往前跑了。如果能乖乖地跟著飼主往前跑，就必須稱讚牠「很好」。

不會跟著繩子往前跑時，再訓練牠跟在人的左側前進。避免犬的後腳跟在人的前方，因此要用左手拿住繩子，拿得稍短一些；用右手拿著細長如竹一般的物體，不要讓犬看到。

如果犬走得太慢，則用繩子拉牠。若雙方並排著走時，則對牠說「跟著、跟著」，並稱讚牠。

反之，如果犬往前走，必須一邊說「跟著」，一邊使用右手拿著如竹子一般的物體輕打其鼻尖，然後再藏起來，不要讓犬看到。

若犬能再次跟著人走，則對牠說「跟著，跟著」並稱讚牠。漸漸地只要說「跟著」這句話，犬就不會走到人的前面，或走得太慢了，且能夠與人並排著走。

僅僅是使用「跟著」這一句話，就能使犬並排走以後，然後再加快腳步走，或是放慢腳步走，改變走路的速度，進行「跟著」的訓練，同時，也可以轉換走路的方向。這時，一定要說「跟著」。此外，也要教導犬練習在人群中，也能跟著飼主。

等一等①

首先，在安靜的場所讓犬趴下，清楚地對牠說「等一等」。

這時，一邊觀察犬的樣子，一邊離開，要小心謹慎地觀察。

如果犬乖乖等待，則回到犬的身邊，好好地稱讚牠。

等一等②

這一次，進行較長時間的等待訓練，讓犬等待時，要放低身子，不要讓犬站起來，要對牠說「等一等」。

保持這狀態5～10分鐘，如果犬能靜靜等待，再從最初的場所移動10公尺左右。

保持這狀態，再次讓犬坐在地面，等待5～10分鐘。如果做得很好，則回到犬的身邊，一邊對牠說「等一等」，一邊稱讚牠。

跟過來	等一等③
 帶犬出去散步，如果犬拼命地拉著繩子往前跑，要先放鬆繩子，再用力拉緊繩子，給予震撼。	 到目前為止，犬都能看到你，但是這一次，卻要犬趴下，對牠說「等一等」，然後要它趴下，距離牠20～30公尺遠。
 如果犬拉著繩子往前跑，這震撼會令犬感到不快，這時要教導牠「不要拉」。	 躲在樹蔭後面或建築物後面，不要讓犬看到，過了1～2分鐘以後再出現，再次對牠說「等一等」，然後再躲起來。
 重複這種訓練時，犬就不會拉繩子了。如果犬能乖乖地跟著飼主走，則必須稱讚它「很好、很好」。	 過了3～4分鐘，再慢慢地回到犬的身邊，撫摸牠的身體，稱讚牠。慢慢地延長時間，進行訓練。

PART 4 改正不良癖性

即使是本能，也必須矯正……

對於未知的人、事、物吠叫或張牙舞爪，是基於犬的本能，而產生的警戒心或防衛意識。但是，卻不能放任不管，否則會造成意外事故。

使鄰居感到困擾的吠叫

犬經常吠叫，有許多因素，例如：經常被拴在狗屋裡，或經常被關在房間裡，因為運動不足，而造成欲求不滿。也可能是因為寄生蟲的寄生、內耳炎、外耳炎等引起疾病，而導致痛苦與不安；或是在無聊時、寂寞時，經常會吠叫。

但是，只要飼主平日多留意，就能避免這些因素的發生。最令人感到困擾的是，犬基於本能，而高聲吠叫。甚至有人通過家門前時，在這些人還沒有消失以前，會不斷地狂吠。或是郵差、送貨的人到家中，或是重要的客人來時，也會持續發出威脅性的吠叫聲，使附近的

改正任意亂叫的習性

1犬對著郵差或客人亂叫時，繞到犬的身邊，用嚴厲的聲音對牠說「停止」。

2出聲嚴厲制止，同時用一隻手握住犬的口，另一隻手則撫摸其耳後、肩膀、喉嚨下方。

3重複這麼做以後，只要聽到「停止」的聲音，犬就能停止吠叫。如果無法停止或興奮性太強的犬，則必須用手指彈其鼻尖。

4如果停止吠叫，必須對牠說「很好、很好」，充分撫摸牠，被撫摸會覺得很舒服，犬就能夠停止吠叫。

的人感到困擾。

這是來自野生時代的習性，犬對於未知的事物總是抱著警戒心，想要保護自己的勢力範圍的意識極強。一旦有可疑者接近時，首先會利用吠叫聲來威脅，同時也把可疑的現象藉此通知同伴，希望能儘早做好防衛措施。

因此，聽到犬的叫聲時，家人必須要出來看一看，確認對犬而言的「可疑者」。如果覺得不要緊，就必須讓牠了解，教牠不要擔心。

如果犬不住狂吠，則必須嚴厲地責罵牠「停止」，用一隻手握緊犬的嘴巴，讓牠閉嘴。同時用另一隻手撫摸犬的耳後、肩膀、喉嚨下方等等。

犬受到撫摸，會覺得很舒服，就會停止吠叫。重複這麼做，只要利用「停止」的命令，就能使犬停止吠叫。這時，犬會要求撫摸，而來到飼主的身邊。不過，這訓練對於剛開始抱持警戒心，對於未知事物會吠叫的幼犬時期來進行，較能產生效果。如果過了幼犬期，成為成犬後，再怎麼訓練，也充耳不聞時，則必須用捲好的報紙或指尖，用力打吠叫的犬的鼻尖，或是彈數下，如果犬停止吠叫，不要忘了對牠說「很好，很好」，並充分撫摸牠。

最重要的是，當犬隨意亂吠叫時，必須趕快到牠身邊，重複進行這些訓練。雖然很麻煩，但是一定要這麼做，否則時而訓練，時而不訓練，就無法養成犬良好的習慣。

隨意亂咬

即使是與飼主一起生活的家人，只要這些人對自己做了不好的事情，有的犬就會用牙齒亂咬。此外，外出散步時，遇到陌生人，陌生人觸摸犬，或是從後面突然靠近，犬也會因為警戒心作祟，而突然咬別人。這些表現都是以神經質的犬較常出現，尤其是前者的情形，可見飼主是養了一隻太過任性的犬了。

犬這種動物，從祖先那兒就已經承襲了在群衆中，擁有領導者，成員會形成順位，展現行動的習性。一旦被人類飼養以後，允許牠任性而為，甚至牠會覺得自己是家中的領導者。

不只是家人，甚至是其他的人，牠感到不高興的時候，就會隨意亂咬，成為非常棘手的存在。

開始飼養幼犬時，家中所有的人都必須要讓犬了解到，所有的人都是比犬更高一級的人。當犬反抗時，就要嚴厲地責罵牠。如果犬聽從飼主的吩咐，則必須要好好地稱讚牠。培養這種習慣。

以後者而言，則可能是由於防衛本能過剩所造成的。為了害怕陌生人的攻擊，為了保護自己，才採取這種隨便亂咬的行動，所以，平常就必須儘可能讓牠接近人群，製造與許多人接觸的機會，以及增加別人撫摸牠的機會，讓犬了解到對人類而言，人類是非常美好的存在。

與其他的人接觸，製造撫摸犬的機會，讓犬了解到人類對犬而言，是友好的存在，這一點非常重要。

如果犬稍微對他人張牙舞爪，就必須要嚴厲地責罵牠。在興奮度無法抑制下來時，要用拉繩的一端打其鼻尖。待安靜下來以後，就要充分地撫摸牠，使牠的情緒穩定下來。

即使是因不安而產生的反射行動，在還沒有改正亂咬人的行動以前，外出時一定要戴上口環。否則，飼主可能會因傷害而被提出告訴。

改正咬人的習慣

1 如果犬對陌生人產生攻擊的態度，必須予以制止。

2 強烈叱責。如果還是不行，則必須用拉繩打鼻尖，加以體罰。

3 如果能保持安靜，則要充分撫摸，使犬的情緒平靜下來。

4 儘可能帶牠到人群中，製造與許多人接觸的機會，習慣於人類。

了解犬的習性，秉持情愛訓練犬

從習性產生的行動，對人類造成麻煩的行動有很多。但是，不要光是利用責罵，有時也必須利用稱讚來改正。

飛撲向回家的人

犬經常會用全身來表示喜悅。家人外出回來時，聽到腳步聲，牠就很快地跑過去，或是看到姿態時，就會用後腳站立，飛奔而出。想要舔這個人的口鼻部，這是犬和人打招呼的行動。有時候，因為搆不到人的口鼻部，所以用後腳站立。

當然，對人而言，會樂於見到犬打招呼的方式，但是，如果是野外犬，尤其是下雨天，帶著沾滿泥漿的腳飛撲過來，衣服都會弄髒了。對於較小的兒童而言，室內犬的這種做法也非常危險。如果對客人這麼做，也可能令人感到困擾。

因此，訓練的方式是在犬要做出飛撲的動作時，要早一步蹲下來，命令犬「坐下來」。等牠坐下來以後，要充分地撫摸牠。換言之，在犬還沒有飛撲之前，就必須要讓牠坐在人前，享受到被撫摸的快感。

由於蹲下來撫摸犬，因此犬不必站起來，就能搆到人的口鼻部，所以重複這種訓練，可以使犬較早熟悉。

除了讓牠坐下來以後，也有防止飛撲的方法。例如：當犬快要飛撲過來時，用雙手握住二隻前腳，人往前進，而讓犬站著往後退。牠會因為痛苦，而連忙放下前腳。

或是握住前腳，輕踩犬的後腳；或是握住前腳的手加強力量，使犬感到疼痛，就會放下前腳。

總之，不論是哪一種訓練，都是要讓犬放下前腳，然後自己再蹲下來，充分地撫摸犬。犬當然不願意嚐到飛撲過來的痛苦，而寧願坐在那兒，迎接主人，接受主人的撫摸。

喜歡咬東西

室內犬最令人感到困擾的，不論是拖鞋、報紙、雜誌，凡是放在房間內的東西都愛咬。嚴重時，甚至連桌子的腳、椅子的腳、紙門，乃至曬乾的衣服都會咬。

這是幼犬較常出現的習性。對牠們而言，也是基於好奇心而產生的遊戲，也算是承襲祖先在野生時代，狩獵本能的一種表現。此外，從乳齒要更換恆齒時，因為牙齒發癢，也可能會產生這種行動，但是，不能因此而允許牠這麼做，否則咬斷電線或瓦斯管，會因而釀成大

喜歡咬東西

1 當犬咬放在房間裡的東西時，要告訴牠不可以。

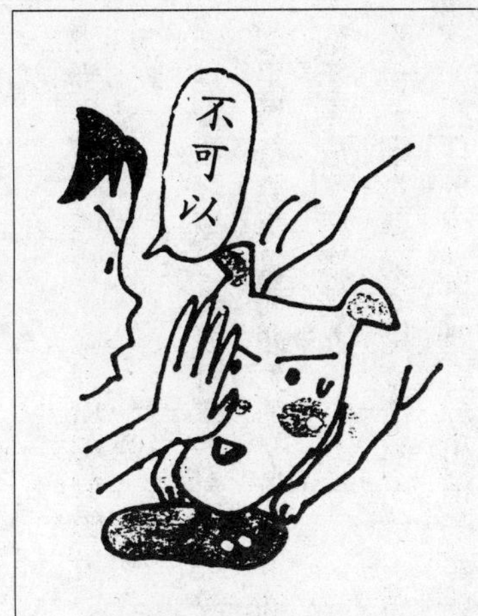

2 在犬咬東西的瞬間，要出聲嚴厲責罵牠「不行」，用手制止牠。

3 可使用犬用的橡皮或玩具等代替物，讓牠咬。

4 犬重複咬東西時，要很有耐心地責罵牠。如果牠能停止咬東西，就要充分地稱讚牠。

災禍。

看到犬咬東西時，立刻出聲對牠說「不行」，用手制止牠，或是給牠犬用的橡皮或玩具等讓牠咬。

一旦責罵以後，犬很可能還會這麽做，這時就必須很有耐心地每次都要責罵。如果只是靠語言而產生不了效果，就要輕輕地拍打，讓牠記住這種痛苦，如果牠能夠停止，則不要忘了稱讚牠。

犬也會因為運動不足或情愛不足，而藉著咬東西來宣洩欲求不滿，所以日間的散步必須要進行，而且，平常也要充分和牠一起玩，避免壓力的堆積，這一點非常重要。

追趕同居的寵物

除了犬以外，如果家中還飼養貓或小鳥，最令人感到困擾的，可能是犬去追這些小動物，或是做出想要追這些小動物的行動。

野生時代，必須自己去追尋獵物捕食來吃的犬。雖然這種本能已經淡薄，但是有一些犬種仍然具有狩獵的本能。

散步途中，看到移動的物體或逃走的物體，反射性地就會想要追趕，這可能就是由於這種本能做祟吧！不過，對於與自己一起飼養的小動物，當對方想要逃走或反抗時，也會引起犬的鬥爭意識。

可是，關於這一點，犬必須要注意。要使犬與其他小動物和睦相處，並不是一件困難的事。例如：如果對象是貓，可以抱著貓，撫摸貓，並且對犬說：「好可愛，好可愛啊！」讓雙方的臉靠近，同時也要撫摸犬。

也許，貓會基於恐懼心，而想要逃走，但是，必須很有耐心地重複多做幾次。如果犬發出敵意的吼聲時，必須責罵牠「不行」讓牠停止。如果牠很溫馴，則必須稱讚牠「很好，很好」並持續撫摸。

犬也具有嫉妒心，對貓的嫉妒心更強，因此對雙方的撫摸必須要平均，不論是犬或貓，先住者對於新加入者侵入勢力範圍，會有非常神經質的表現。因此，絕對不能對新加入者灌注過多的情愛。

如果是小鳥，雖然不必擔心這問題，但是也可以讓犬的臉湊近，靠近鳥籠裡的鳥。和貓相同的情形，向犬訴說鳥是可愛的動物，讓牠聞一聞鳥的味道，相信就能使犬的情緒平靜下來。

取得平衡的方法

1 除了讓犬坐下以外，對於飛撲過來的犬也必須要採用一些方法，以避免平衡崩潰。

2 犬飛撲過來時，連忙用雙手握住其前腳，由人類前進，使犬無法保持平衡。

3 如果犬想要放下前腳，則把手鬆開，蹲下來，充分撫摸放下前腳的犬。

讓犬平靜下來的方法

1 以全身表現喜悅的犬。可是，有時候飛撲過來，會對人造成困擾時，必須要注意，不要使犬意氣消沉，要好好地訓練。

2 看到犬要飛撲過來時，應該先一步蹲下來，並命令犬坐下，讓牠坐下。

3 如果犬依言坐下，就要稱讚牠道：「很好，很好。」充分撫摸犬，以呼應犬的情愛表現。

各種室內犬的不良癖性

雖然室內犬會認為家中是大家的自由行動圈，但要努力教導，勿使其任性而為。

耍賴不想進入狗屋

即使是小型的室內犬，也要在室內的一角備有市售的狗屋或較大的狗籠。

也許有人百思不解，已經為牠準備好廣大的家，又為何要趕牠到狹隘的空間去呢？如此地為牠叫屈。不過，犬在成為人類所飼養的動物之前，也會在山的斜面掘洞築巢，反而讓牠待在狹窄的空間，才能讓牠感覺安全，容易熟睡。

在客人來訪時，最好能夠讓狗服從命令地乖乖回到狗屋裡去。

但是，狗在清醒時，多半喜歡在廣大空間內玩耍，要牠進入狗屋，牠往往是充耳不聞。這時，若已經做好利用用餐時間進行「等等」或「坐下」的訓練，就十分方便了。最初，抱著牠來到屋前，命令牠「進去」，同時推其臀部，讓牠進入狗屋內。

不想進入狗屋時

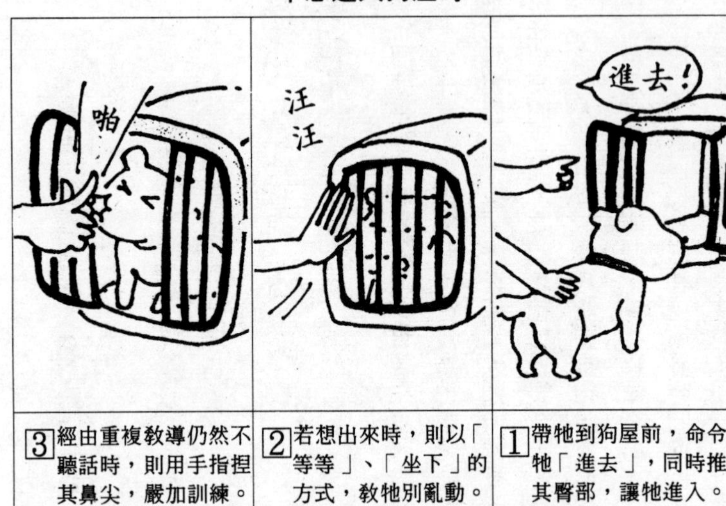

3	2	1
經由重複教導仍然不聽話時，則用手指捏其鼻尖，嚴加訓練。	若想出來時，則以「等等」、「坐下」的方式，教牠別亂動。	帶牠到狗屋前，命令牠「進去」，同時推其臀部，讓牠進入。

如果牠立刻衝出，就趕緊命令牠「等等」；若牠停止了行動，則命令牠「坐下」。表現良好時，要給予稱讚並愛撫，對牠說：「很好，很好！」「進去，進去！」

經由耐心的重複訓練後，再訓練牠自己進入狗屋。最初，飼主牽著繩子將狗誘導到屋前，告之「進狗屋」。待其表現良好時，可稍微延長誘導距離，最後，訓練到不用繩子而牠會自己主動進入狗屋為止。漸漸的，狗只要想休息的時候，就會自己鑽入狗屋內休息了。

想要闖入不可進入的房間

家庭中有些房間是狗的禁地，例如廚房、工作室、貯藏室或嬰兒房等等。

然而，狗認為自己所居住的家是進出自如的，無所禁忌。

這時，在牠要進入的瞬間，趕緊制止牠說：「不行！」用手掌輕按狗的鼻尖，將其身體朝後拉。如果牠很聽話，就要讚美牠。當然，光是一次的訓練，狗無法完全理解，因此，每當牠想要進入時，就要重複這種制止的訓練，使牠牢記在心。

假如制止無效，則在牠想要進入時，門朝其鼻尖用力砰地關上，藉此聲音與行動嚇唬牠，讓牠從此對這個房間敬而遠之。

從家中匆忙地奔出或奔入

犬最喜歡散步。尤其整天關在家中的室內犬，只要看主人想要外出時，就會守候在門邊，待門一開，就狂奔而出。但是，儘管了解牠這種喜悅的心情，也不能夠讓牠率性而為。對於防止意外事故而言，這也是非常重要的訓練。首先出聲說出「等等」，加以制止，若是服從，則再命令牠「後退」，養成牠乖乖跟隨飼主外出的習慣。

在狗學會之前，每當牠想要飛奔而出時，要趕緊拉住繩子，給予打擊。或是當牠想衝出時，用力將門關上，重複各種制止動作。總之，外出時，要教導牠靜候在門前。外出回來時，情形亦同。在門口制止牠「等等」，若表現良好，就說「好」，再讓牠進入。如此一來，為牠擦拭腳時，牠就不會急於奔入家中，搞得家內髒亂不堪。不僅如此，這個訓練堪稱是狗服從主人吩咐的一切行動的開始，故善加教導，才能夠建立重要的基礎訓練。

從家中急奔而出時

1 因為散步等而要帶狗外出時，要於門前告之「等等」，制止犬的行動。
2 做得很好時，再命令牠「後退」，讓其乖乖跟隨飼主外出。
3 想任性飛奔而出時，則用力拉繩，予以打擊。
4 若依然不聽命令，則在用力拉繩的同時，以繩子尖端鞭打。
5 在牠想要飛奔而出時，用力關上門，這也是一種好方法。
砰
!
6 重複這些制止訓練，令其在外出時宜在門前乖乖等待。
砰

各種室外犬的不良癖性

遠離家庭的屋外犬較室內犬更為孤獨。雖是可憐，也不可養成不良癖性。

挖洞藏物

犬最喜歡挖洞，但是有的犬只是熱衷於挖洞的行為，有的則是讓自己潛入挖好的洞內休息，有的則是利用洞穴藏物，用土掩埋，需要時，再挖出使用，這種種情況，皆源自於野蠻時代的犬的習性。

過群居生活食用自己的獵物時，牠們會於山的斜面挖洞，築巢而居。因此，自昔日開始，就擅長挖洞，即使在人類給予狗屋之後，一旦被鎖居室內不得外出時，也會為了消除運動不足的欲求不滿而開始挖洞。

夏天時，也會挖洞讓自己的身體潛藏於冰涼的土中。在野蠻時代，或許牠們就是以此方式來避暑吧！

制止犬挖洞的行為時

1 挖洞時要說「不行」，嚴加制止。

2 挖洞可能是為了尋求涼快，故暑熱季節要提供陰涼的場所。

3 經常帶牠外出散步，以免產生運動不足等的欲求不滿。

一旦捕獲的獵物沒有用盡，就會當場挖洞掩埋，留置翌日再吃。有的狗則會將食物攜至巢穴中埋藏。現在的狗多半是將當成點心的牛骨、人類拖鞋或球等埋入洞穴中，並非吃剩的食物，不過，挖洞藏物的行為，卻是得自祖先的習性，無法更改。

然而，任意四處挖洞，也會給人類帶來困擾。因此，見其挖洞時，要說「不行」嚴加制止，若不服從，就要給予輕微的體罰。

同時，飼主要把不滿犬挖洞的不快表情傳達給犬知道，待牠結束挖洞的行為後，溫柔地告知這是不被允許的舉動。

另一方面，要經常帶牠外出運動，藉以消除欲求不滿。在酷熱的暑夏，狗屋要移到陰涼處。

從庭院任意進入室內

最近，很多大型犬也被養在公寓的室內，成為室內犬。

可能因此之故，犬的居住空間，亦即室內與室外之分，就不如昔日那般的明顯了。一旦決定養在室外的犬。若中途讓牠進入室內，會給人類帶來困擾。

若因為家人的同情而讓牠進入室內時，由於犬原本就是群居動物，因此，每當有事時，牠就會想要進入室內與人共處。

以往在戶外的大氣中配合冬寒夏暑而自行調節體溫的動物，一旦進入有冷暖氣調節的室內生活，有時無法適應。若要讓其適應屋內生活，則要重新訓練，並會伴隨諸多的弊端。

儘管同情牠，也不能容許牠隨意地進入室內。首先，用拉繩綁住犬，從庭院帶牠到隨時會進入的陽臺或長廊邊，在牠想要進入時，用力拉繩予以制止，告之「不行」。放鬆繩子，讓牠在庭院遊玩，在牠靠近長廊的瞬間，告訴牠「不行」，並利用報紙做出毆打牠的動作。

當飼主在屋內而犬趴在長廊外時，可以對牠說「不行」，並用力地關門。這也是有效的方法。

經由重複的制止，會讓犬知難而退，等到開了門，牠也仍然獨自在庭院遊玩時，則走下長廊，命令牠「坐下」，且撫摸牠，告之「很好」，讓牠知道只要不任意進入室內，就能夠得到溫柔的撫摸。

從庭院人任意進入家中時

1 牽牠到長廊邊緣，若想闖入，則用力拉繩，告之「不行」。

2 鬆繩讓牠玩，若其手攀在長廊側時，打牠的手告之「不行」

3 在其前腳趴在長廊的瞬間，告之「不行」，且用力關門。

4 如果能夠獨自在庭院遊玩，則命令牠「坐下」告之「很好，很好！」

逃避當成日課的散步時

有的室內犬畏懼外面的世界，但是為了身心的健康，散步是絕對必要的，要慢慢地讓牠習慣外出。

逃避外出時

對犬而言，散步能夠促進體內的新陳代謝，消除因運動不足而造成的欲求不滿，故是不可或缺的日課。

但是，有的犬可能因以前外出曾遭車子輾過而從此懼怕外出。通常，養在家中的室內犬，初次帶牠外出時，多少會對外界抱持恐懼心與抵抗感。

這一類的犬，要讓牠慢慢習慣外界的環境，讓牠知道外面的世界並不可怕。不過，首先最好由牠最信賴的人來帶領。出門前，宜確認項圈是否鬆掉，即使犬不想外出，也要硬拖牠到外面去，如為幼犬或小型犬，則抱著出去。

最初的行動範圍，僅限於住家四周，可抱著犬坐在路邊，或放下牠，溫柔地告知人車通過的情況，讓牠觀察。

對於人類而言微不足道的事情，對於聽覺、嗅覺勝過人類十倍、數百倍的狗而言，都可能是強烈而難以忘懷的刺激。如果因為恐懼而黏著主人不放，就要安撫牠，使其心情平靜下來。

當犬飛奔過來向主人求助時，則要嚴加制止，讓犬靠己力克服恐懼心。習慣之後，就可以慢慢地擴展行動範圍，但過於勉強，也會造成反效果。

一旦犬感覺恐懼或危險時，會本能地將身體右側靠向安全的場所。因此，走路時，讓牠隨行主人的左邊。這種腳側行進，也是犬步行訓練的基本。

不過，拉繩必須拿得比步行訓練時更短些，以免在驚慌之下逃走時遭到意外。

不愛套拉繩

人類都喜歡追求自由，狗也是一樣，最初不喜歡被套以項圈或拉繩。

但是，不帶拉繩外出，不僅對犬本身，對周邊人來說，都是危險的。

首先，可利用絲帶等長帶子，藉以減少不適感，當犬在家中遊玩時，可嘗試鬆綁。

待習慣後，再以較寬的項圈取代，當然不可綁得過緊。

若不習慣項圈，可將短繩綁在項圈上，最初讓牠自由地玩，主人伺機握住拉繩的一端。如果犬在想要跑遠時，受到頸部拉繩的打擊而感到震驚，不妨放鬆拉繩。

待犬遺忘時，再度拉起繩子，進行同樣的訓練，同時，要叫喚牠「過來，過來！」輕拉繩子，但不要勉強拉扯，以免讓牠對拉繩嫌惡。

當牠聽到叫喚而來到身邊時，就要稱讚牠。

慢慢地，再以更長的拉繩替換，帶牠到門外散步。最初，由飼主配合犬的行動，習慣之後，藉著拉緊或放鬆繩子，讓犬配合飼主的行動。

原則上，讓犬緊跟在人類的左側，但有的犬將繩子拉遠，採側走的方式。

這時，選擇左側有圍牆或溝的道路左端，如此犬就只能夠貼著人走，藉此能夠改正這種惡習。

逃避外出時

1 逃避外出的犬，可能以前有遭車子輾過的可怕經驗，或是來到不習慣的場所心生畏懼所致。

2 為了要讓牠習慣，必須在確認項圈沒有放鬆之後，強拉牠外出。若想臨陣逃脫，要用力拉住牠。

3 最初，讓犬習慣住家周圍，再逐漸擴大行動範圍，若為幼犬或小型犬，抱牠外出亦可。

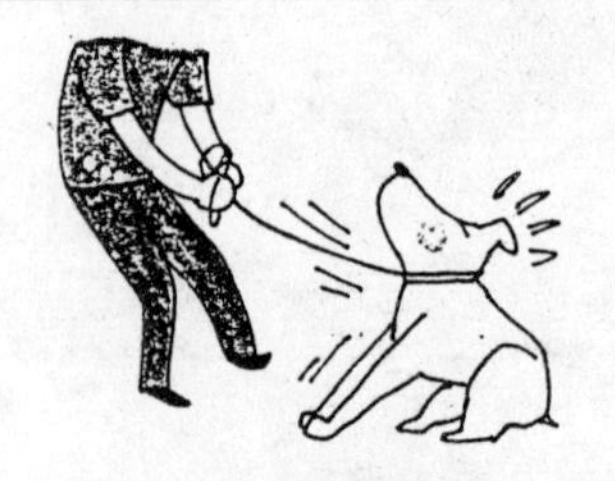

4 在道路旁溫柔地對牠說話，讓牠觀看人車流通的狀況。只要得到飼主的愛撫，就能夠緩和懼心。

5 感覺恐懼或危險時，其身體右側有靠近安全場所的習性。步行時，讓牠走在主人的左側，較有安全感。

6 因為受到驚嚇而突然飛奔逃跑時，可能會遭遇意外事故，為防止此事態的發生，拉繩宜拉短一些，觀察其行動。

散步途中開始做這些事情時

邊走邊撿東西吃，或與其他的犬爭奪地位。犬在散步途中會本能地出現這些行為，必須要加以改正……

散步途中撿東西吃

犬被人類人養以後，在決定好的時間給予適量的飲食，能夠充分滿足食慾。但是，很多狗在外出散步時，也仍然是低著頭找尋食物，甚至在垃圾堆裡翻箱倒櫃地找東西吃。這可能是給予的食量不足或營養不足，抑或是寄生蟲、胃腸病等造成營養狀態失調所致。不過，一般而言，這是基於野性時代自己到處搜尋獵物加以捕食的本能所致。

如果置之不理，身體可能會罹患傳染病或其他的害處。畢竟，目前犬其消化能力已經大不如昔了。為避免犬亂撿東西吃，首先要決定好每次用餐的時間，在固定的場所，用決定好的餐器餵食犬。當犬從食器中叼出東西要到其他地方吃，或吃掉落出食器之外的食物時，則要加以責罵。

在公園等地，不讓犬模仿他犬撿拾東西吃。一吃飯時間、場所、餐具要事先決定。

家人切勿將自己的食物餵予犬，或默認牠吃從餐桌上掉落的食物，也不可將食物扔到地上讓牠撿食。

為了改正這種撿食的癖性，可事先在路中或庭院放一些牠所愛吃的食物，在牠想要去吃的瞬間，大聲喝止，並用力地拉繩。如果無效，則可徒手或用拉繩的一端打牠的嘴巴，並挖出其含在口裡的食物。

重複訓練幾次之後，犬就明白不可隨便撿拾地上的東西吃。只要牠做得到，就要給予愛撫與獎勵。

與其他的犬打架

在散步途中，狗彼此之間的爭鬥，是司空見慣的事情。通常是公狗與公狗為爭奪優勢而打架。犬往往自以為是老大，一旦邂逅陌生的犬，為了誇耀自己的力量，或向對方展現優勢，因而會展開爭鬥。

尤其當相遇的場所是屬於某隻犬的勢力範圍內時，該犬為了保護自己的勢力範圍，就會威脅對方。如

不讓犬撿拾東西吃

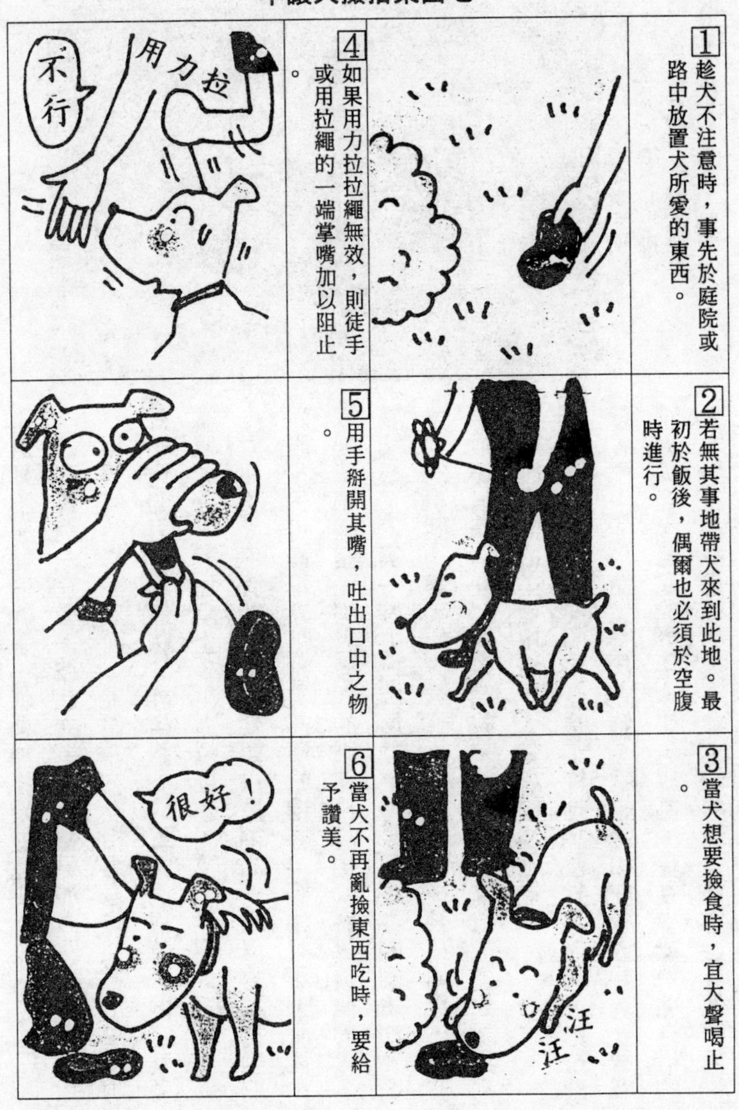
1 趁犬不注意時，事先於庭院或路中放置犬所愛的東西。
2 若無其事地帶犬來到此地。最初於飯後，偶爾也必須於空腹時進行。
3 當犬想要撿食時，宜大聲喝止。
汪汪
4 如果用力拉拉繩無效，則徒手或用拉繩的一端掌嘴加以阻止。
用力拉
不行
5 用手掰開其嘴，吐出口中之物。
6 當犬不再亂撿東西吃時，要給予讚美。
很好！

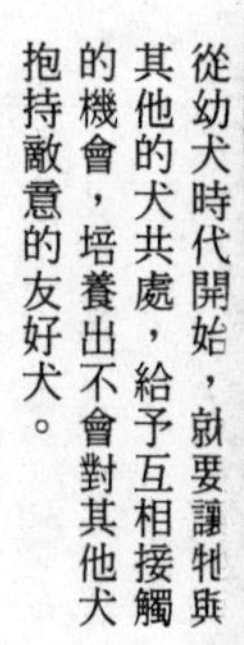

從幼犬時代開始，就要讓牠與其他的犬共處，給予互相接觸的機會，培養出不會對其他犬抱持敵意的友好犬。

果遇到不服輸的對手，就會加深敵對意識。

若有飼主在旁，彼此的爭鬥心會更加高漲，而產生互不相讓的鬥志。然而，犬並非在互相邂逅時就馬上毆鬥，首先會聞對方的氣味，評估對方的實力。這時，飼主就要掌握機會，嚴加阻止，用力拉拉繩，及時離開。

如果犬不服從，主人就要以拉繩的一端用力拍打牠的屁股，儘可能早點平息犬高漲的情緒。假如犬馬上服從，就要給予稱讚，經過數次的訓練後，牠就會對其他的犬不表關心了。萬一雙方已經展開攻勢，則雙方的飼主都要緊拉犬的項圈，讓犬的後腳直立，或抓其後腳、尾巴，將其上抬使前腳站立。在毆鬥時，或許不易進行，但只要用力捏兩眼之間的柔軟皮膚，犬就會輕易地罷休。

但是，最重要的，還是訓練牠不會對其他的犬抱持敵意，儘可能從幼犬時代開始，就讓牠和許多犬共玩。教導牠與其他犬共處的方法，避免成為一隻膽小或過度自信的犬。飼主本身也要和犬一樣，能夠溫柔地對待其他的犬。

阻止與他犬的爭執

1 與其他犬邂逅時，如果認為彼此可能會起衝突，就要將拉繩拉短一些，以便應付。

2 雙方會互相評估對方的力量，趁彼此的情緒高漲之前，就要用力拉拉繩，大聲遏止。

3 為避免犬猛然攻擊對方，要用拉繩的一端毆打其臀部，儘早平息其高漲的情緒。

4 如果犬服從，就要給予讚美。如此犬就會明白保持冷靜是對的。

面對在外面不知畏懼為何物的犬

不喜歡外出的犬，在逐漸習慣之後也變得大膽。這時，就表示有危險在等待著。故要儘早加以訓練。

不顧主人的叫喚而任意奔跑

在家中會聽主人命令的犬，一旦帶牠到公園等地，可能因為自由的喜悅或對周遭的好奇心，而變得任性、到處奔跑，完全不聽主人的吩咐。

這時，如果慌忙地追趕，會造成反效果。犬喜歡與主人追逐，往往因此而愈跑愈遠，屆時有遭意外事故之虞。

若要叫牠回來，可以邊呼喚犬的名字，邊朝反方向跑，並躲在樹蔭下，這時，犬會因為不安而及時跑回來。

然此刻不要急於責備，否則犬會以為自己過來反而會遭到主人的責罵。如果牠回主人的身邊，就得讚美一番。

犬具有追逐移動物體本能，但如果朝駕駛中的腳踏車飛奔前去，可能會遭到意外，故要嚴加禁止。

追逐奔馳中的腳踏車

犬喜歡追逐奔馳中的腳踏車，或是想要咬車上的人。這也是來自野蠻時代追捕獵物的習性殘留所致。犬具有追趕逃脫物體的本能，反射性地飛撲過來，可能會造成受傷，或相反的，使得車主摔倒。

若對方是開汽車，則危險度就會提升了。犬不會分辨汽車或腳踏車，因為它們都是自眼前逃脫而過的東西。要改正這種飛撲過去的不良癖性，則最好在自己用拉繩牽著犬走在路上時，請他人騎腳踏車通過。在犬想要飛奔過去追逐的瞬間，拉緊原本放鬆的拉繩，並大聲加以遏止，嚴厲指責。可用拉繩的一端鞭打因為受到震撼而停下腳步的犬。

要讓犬記住，需經過多次重複的訓練。另外，讓腳踏車突然停在犬的面前，只要不過度，則讓牠受到一次的驚嚇，也能展現良好的效果。

任意奔跑時

撲向腳踏車時

在駕駛的車內到處跳躍

目前，犬與家人一起出遊的機會增多。犬和人一樣喜歡凝視窗外多變化的景色。

但是，在狹窄的車內，牠是不可能安份地待在原位，勢必會東奔西竄，使得駕駛人難以安穩地掌握方向盤。有些犬會透過窗戶而對外面的可疑物狂吠，這也會影響駕駛的注意力。

等到駕車出遊時再訓練犬安份地待在車內，已經於事無補了。平常要利用停在自宅門口的車子來加以練習。

最初，只要利用數分鐘進行訓練，在停下的車子後座讓犬保持「休息」的姿態。如果牠想移動到飼主所在的駕駛座或助手席時，就要阻止。如果充耳不聞，可用力毆打牠的鼻尖。當然，若是做得很好，就要撫摸、稱讚牠。

重複訓練二～三次，漸漸拉長時間，如果牠能安份地坐在原地，則可讓車停在原地，發動引擎，讓牠習慣振動的感覺。然後，再實際開車外出，從五分鐘開始訓練，漸漸拉長開車的時間，直到犬能夠隨時在後座保持「休息」的姿態為止。

若為小型犬或幼犬，可讓牠坐在同乘者的膝蓋上，但不可讓牠的頭伸出車窗外。另外，也可以將犬安置在後座移動用的狗屋中。最初，犬在搖晃的車內或狗屋內會感到不安，不過，只要讓牠知道在這種情況下自己可獲得出遊的機會，牠也會欣然配合的。

基本上要訓練犬於後座保持「休息」的姿態。不可讓犬將頭伸出車窗外。

車內的訓練從停於自宅門前的車中開始進行，如果能安份地坐著，就可以發動車子，慢慢地延長開車的時間。

改正令人困擾的癖性

有時身體不願被觸摸或不會吠叫，原因有很多，只要了解原因，就能夠找出解決之道。

拒絕接受照顧

使用梳子、刷子刷狗毛時，或以棉花棒掏耳垢時，犬可能曾經因為刷子尖端過硬弄痛肌膚，或棉棒過於深入耳內等經驗而拒絕接受照顧。

不是撫摸，而是任意觸摸身體各處，對犬而言，當然不是舒服的事情，故要從幼小開始，讓牠習慣別人的手的處理，然而，有些犬並非拒絕他人的處理，而是調皮地玩弄他人的手，幼犬的情況多半是如此。

但如果允許牠這種行為，工作就難以順利地進行，因此，在無法為牠理毛時，首先用單手撐住犬身，另一隻手從喉嚨到胸部附近給予撫摸，這麼一來，就可以阻止犬的無理取鬧。犬不喜歡被摸頭，而喜歡被撫摸前胸，如此就沒有來自上方的壓迫感，能夠使其安心。

拒絕被照顧時

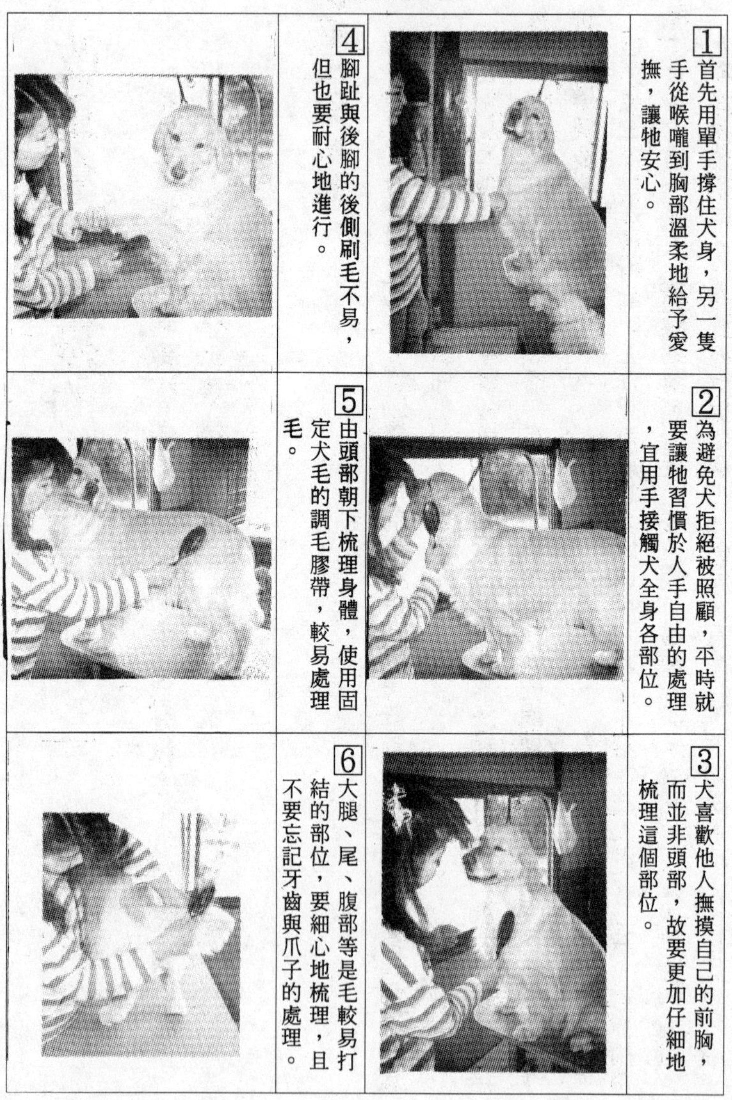

1 首先用單手撐住犬身，另一隻手從喉嚨到胸部溫柔地給予愛撫，讓牠安心。

2 為避免犬拒絕被照顧，平時就要讓牠習慣於人手自由的處理，宜用手接觸犬全身各部位。

3 犬喜歡他人撫摸自己的前胸，而並非頭部，故要更加仔細地梳理這個部位。

4 腳趾與後腳的後側刷毛不易，但也要耐心地進行。

5 由頭部朝下梳理身體，使用固定犬毛的調毛膠帶，較易處理毛。

6 大腿、尾、腹部等是毛較易打結的部位，要細心地梳理，且不要忘記牙齒與爪子的處理。

如果犬仍然不接受這種撫摸方式，則以手指彈其鼻尖，在犬感到驚訝時，再予以撫摸。重複這麼做，牠就明白拒絕將會得到慘痛的教訓。

犬的牙齒與爪子也要加以照顧，為了不讓犬在嬉鬧之際咬住人的手，則要從小開始訓練牠，讓牠乖乖地接受他人的照顧。在一起遊玩時，可用指尖梳理犬的毛，或讓牠仰躺，撫摸其肚子，漸漸地，犬就不再引以為意了。

不會吠叫

任意吠叫的犬，令人感到困擾，但是，完全不叫的犬，也是一大問題，例如玩賞犬，有時飼主也希望牠能展現看門犬的效用。不會吠叫的犬，可能在出生後一週左右就離開了母犬或其他的兄弟犬，由人類加以飼養所致。

犬在出生後四週～十二週之前，是持續處於社會化期間，最好在牠身邊擁有親戚關係的同類。如果在這段時期，牠只知以人類生活方式來成長，則犬也會以人類自居，因為人不會叫，故犬也當然不會培養出吠叫的習性。

此外，當犬想要滿自己的要求，或保護自己與同伴的警戒心較強的時候，才會吠叫。

因此，在生活富足，沒有不滿的訴求下，犬可能不會叫。然而，牠們並非天生就不懂得吠叫，所以，飼主必須見機訓練，使其吠叫。

可以利用食物或玩具教導牠利用吠叫能得到自己想要之物。

例如用餐時，飼主拿著裝有食物的食器，站在焦躁的犬的面前，出聲叫道「汪汪」。如果犬也以「汪」回應，就要給予讚美，讓牠用餐。

拿走犬正在玩的玩具，對想要要求歸還玩具的犬發出「汪汪」的聲音，待犬也跟著吠叫時，再還牠玩具，這是讓牠知道要經由吠叫才能如願以償的訓練。

想要利用警戒心來訓練時，則可讓犬平時較感陌生的人故作怪異的姿態，讓怪異的行為對犬的身體造成不快的刺激，在犬產生戒心的瞬間，身邊飼主發出「汪汪」的聲音，藉此逼犬吠叫，這也是方法之一。

如果犬的吠叫換來的是飼主的責罵，則犬就會變得沈默不語了。

不接受醫生的診治

犬十分膽小，當生病或受傷而就醫時，牠比人類更害怕接受診治。除了自己所效忠的飼主外，不喜歡他人碰牠的身體，在體調不良時，這種傾向更是明顯。
粗暴的小型犬，則由飼主抱住，一邊撫摸耳後或下巴，一邊對牠溫言軟語。若是中型犬或大型犬，則將其頭夾於腋下，從前胸開始，用雙手抬起其雙腳並加以撫摸，使其平靜。如果乖乖地接受診治，就要讚美一番。
與拒絕他人照顧的犬一樣，從幼犬時代開始，就要讓牠的身體習慣為人手所撫摸。這是重點所在。

不喜歡就醫時

1 生病時，警戒心變得更強，故要抱著牠接受診察，撫摸耳後或下巴，對牠溫言軟語，使牠安心。

2 如果是中、大型的犬，則將其頭夾在腋下，從前胸開始，用雙手抬起其雙腳，邊撫摸，邊使其平靜下來。

3 在冷靜時接受治療，結束後，要給予最強烈的撫摸，讓牠儘早忘記痛苦，緩和高昂激動的情緒。

嫉妒癖、過剩性慾、逃脫癖過高時

不要以為這是人類的專利，犬也有這些令人困擾的癖性，要及早矯正。

對其他的犬吃醋

也許各位會覺得意外，但是犬確實是善妒的動物，獨占慾極強，甚至自己所生的孩子，隨著幼犬的成長，母犬也會表現嫉妒心，看到飼主對幼犬傾注情愛時，會感覺自己的地位被剝奪而有所不安。有些母犬甚至因此而殘害自己的骨肉。

看到自己的飼主撫摸他犬，很多犬都會因為吃醋而情緒高漲，甚至展開攻擊，要矯正這種嫉妒心或獨占慾，首先要命令牠「等等」，以拉繩綁住，命令牠坐下，飼主在犬的面前逗弄其他的犬，當坐在那兒的犬開始吠叫，想要起身時，飼主要嚴厲地命令牠「等等」。如果牠充耳不聞，就要給予體罰。重複訓練，直到牠無動於衷為止。

繼而讓二隻犬在一起，如果出現攻擊心時，就要及時吆喝，給予體罰。若表現良好，可

善妒的犬

1 要改正嫉妒心或占有慾，首先要命令牠「等等」，拉住拉繩，令牠坐下。

2 在被綁住的犬的面前，飼主與其他的犬同樂。如果坐在那兒的犬心生嫉妒而騷動時，或是想要起身，則要指責牠。

3 大聲命令「等等」，如果充耳不聞，就要給予體罰。繼而讓兩隻被綁的犬互相遊玩，鼻子互碰。

4 如果這時背毛倒立，發出低吼聲，出現攻擊心，則要強力拉開犬，叱責並給予體罰

5 待犬平靜下來之後，再帶牠去散步，或拿球讓牠們一起玩，同時要在旁監督。

6 如果雙方能夠和睦相處，就要公平地給予愛撫。如此就能夠讓犬領悟到連帶性。

讓牠們玩球或玩具，如果相處和睦，就要公平地愛撫雙方。讓犬知道主人並非自己獨有的方法尚有很多，但是，無論如何，飼主都要公平地灌注情愛。

因性慾過剩而變得粗暴

有的公犬會糾纏坐在椅子上的人類腳的膝蓋，做出性交的行為。

當然，牠並不是想與人類的腳性交，而可能是性的慾求不滿積存，纏著膝蓋彎曲成直角形成易交媾形狀的人類腳邊，這應該是公犬當成性交的代償行為，有的犬會纏著墊子或椅子的扶手，做出這般的舉動。

然而，不要因為犬的這種行為而予以斥責，因為性對犬而言，是非常自然的慾求，應溫柔地避開犬的行為。

母犬除了特定期之外，幾乎不會表現出這種行為。通常，母犬一年發情二次，在此時期，尿中會分泌性荷爾蒙，聞到這種發情氣味的公犬會衆集前來。對於一年中隨時都可以交配的公犬而言，母犬除了發情期以外，完全不對交配之事抱持關心。

若是公犬老是纏著人類的膝，則可能是為發情期母犬性荷爾蒙的氣味所困，又無法進行交配而造成的。其中，有的犬終年性慾高漲，情緒容易焦躁，任意吠叫，或攻擊其他的犬，抑或不聽從飼主的話，甚至咬飼主，這即是性慾過剩的犬。

愛情或運動不足會造成犬的慾求不滿。要每天帶牠外出散步。

事實上，讓牠交配，卻會造成反效果，一旦食髓知味，會更加提高其慾求。對於這種犬，最好進行去勢手術，雖然手段殘酷了些，但卻能夠保障其幸福。事實上，手術後，任何犬都能擺脫煩惱，成為順從飼主的犬。在確認其因性慾過剩而成為粗暴犬時，如果不打算讓牠參加狗展，則最好接受去勢手術。

重複逃家

原本犬是在廣闊的原野找尋獵物自由活動而度過一天的動物。而在被人類飼養的現在，一旦外出，也會在自由的氣氛下尋找自己的勢力範圍，甚至喜歡將探索的腳步拉向陌生的場所。

可能趁飼主不注意時，隨著開門飛奔而出，或脫離項圈，從庭院的狗屋中逃脫。但是，如果家族的群居生活能夠滿足犬，則犬不會咬斷鎖鏈，或自製逃脫的行徑，成為獨自生存的犬。

犬會任意地飛奔而出，必有原因，例如運動不足或飼主的情愛不夠，故每天要帶牠外出散步，儘量與牠同樂。在責罵時，要嚴加指責，但是也不要吝於灌注情愛。

如果犬仍然想要逃脫，則在嚴格監視下，掌握牠逃脫的瞬間，強烈叱責，給予體罰。在監督的意義下，強制牠「趴下」十分鐘，訓練牠要絕對服從飼主。

第二章
犬種別訓練ＡＢＣ

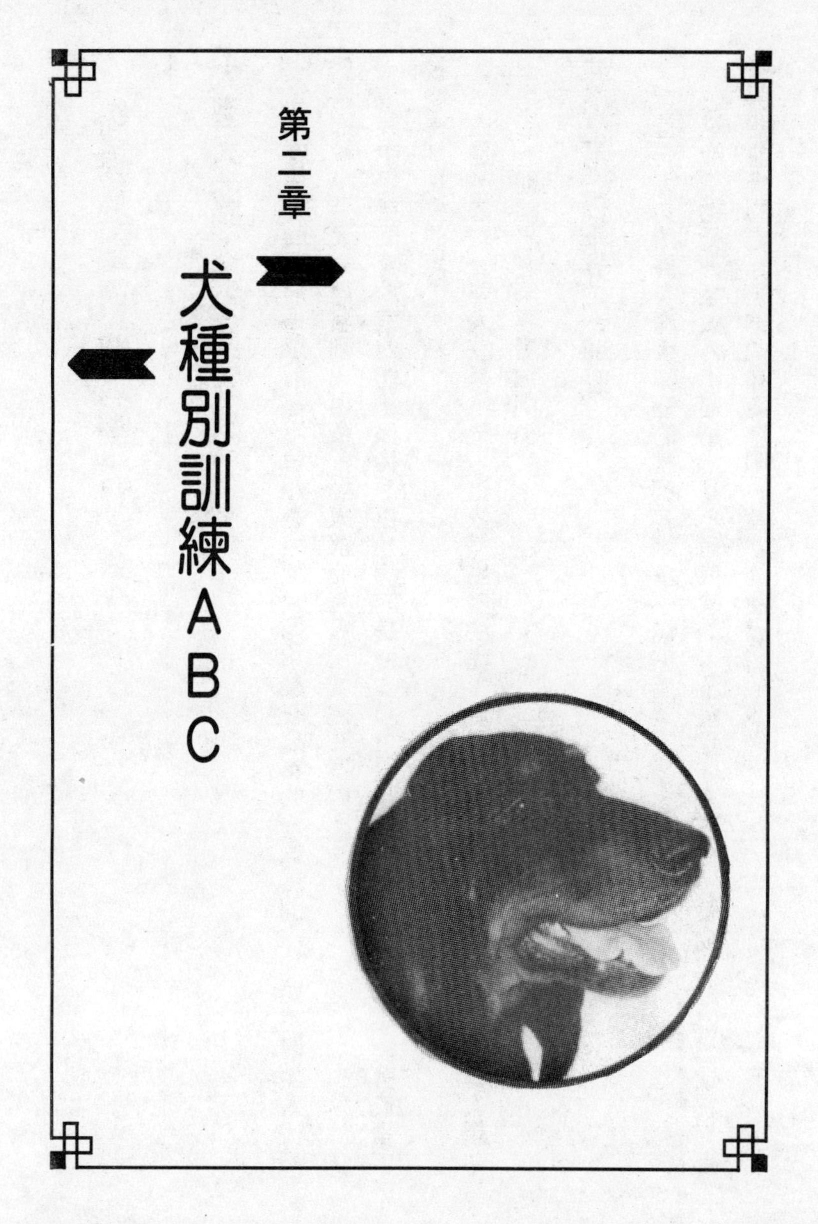

飼養於室內的大型犬

大型犬的訓練尤其重要

因為住宅的情形，以前都不曾想過大型犬能夠養在公寓的一個房間內。雖然體型大，然個性卻較小型犬來得溫馴，很多大型犬都能夠安份地待在室內。

其中包括飼養於室內能夠保持毛色光澤的長毛犬種，以及對寒暑較為敏感，飼養於室內較能得到長生的短毛犬種。

但是，這些大型犬在外出時，也依然生龍活虎。若要讓牠們毫無障礙地在室內與人類共同生活。則飼主必須要嚴加訓練。

要經常帶牠外出運動

首先，勿讓擁有龐大身軀的牠們有慾求不滿的感覺。

早晚二次帶大型犬外出運動，是不可或缺的，不論是住在獨棟建築物或社區，或在與鄰居房門並排的走廊，抑或在電梯中，都要注意禮貌的訓練。

在幼犬時代，訓練起來較為容易。牽牠外出運動時，務必讓牠走在人的左側，訓練牠能與同於人類的速度前進。

在走廊的步行訓練，只要應用這個方法即已足夠了，剩下的，就訓練牠不要亂叫。

如果事先做好「坐下」、「等等」的訓練，則也可以在乘坐電梯時加以應用。

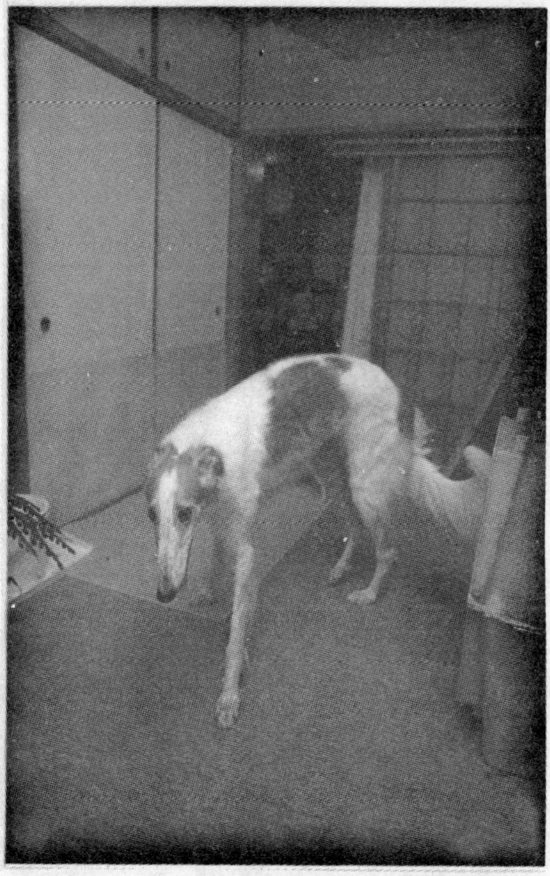

最初，從無人乘坐的電梯開始，慢慢地，選擇有人乘坐的電梯加以訓練。

為了避免犬因人多而引起騷動，故最好事先讓牠習慣走在來往行人較多的道路上。

雖是住在有電梯設施的建築物中，但是，若是不嫌麻煩的話，則最好帶牠走樓梯，這也是一種禮貌。

散步途中的注意事項

牽狗外出運動時，為避免與其他犬發生爭執，或反射性地去追通過眼前的小動物或車子等。則從幼犬開始，就要培養制止的訓練。待長為成犬之後，人類就比較容易控制牠了。

在散步的途中，可請認識的人出聲招呼或撫摸犬，經由這種短暫的接觸，能夠緩和犬對於人類的警戒心。

飼主不要刻意避開擦身而過的人，反而要讓犬參與這種相互之間的溝通，藉此消除其亂叫、亂咬的過剩防衛本能。

大型犬的糞便與尿量較多，尤其是飼養於室內的場合，更是要從幼犬開始，養成牠在運動中排泄的習慣。當然，飼主一定要善加處理排泄物。

運動回來時與外出時

運動回來的犬，會立刻想回屋內，但這時要命令牠「等等」，讓牠暫時坐在門口，待聽到「好」的命令後，才可以進入家中。務必將汚濁的腳擦乾淨後，才能入屋內。

此時，要檢查腳是否遭玻璃碎片等扎傷。

與運動回來時同樣的情形，帶牠外出運動時，也不允許牠任意朝屋外飛奔而出，需以「等等」的命令制止牠，然後命令牠「後退」，養成牠在外出時慢慢跟隨在後的習慣。如此一來，即使面對敞開的門，犬也不會任意地飛奔而出。

室內犬，尤其是大型犬，往往被訓練到庭院排泄。當牠要到庭院時，也要命令牠「等等」，開了門說「好」之後再讓牠外出，要進入屋內時，也一定要讓牠等待在門外，將腳擦拭乾淨後，才准進入屋內。

要為大型犬準備狗屋

大型犬之中，有些是幼犬時代待在室內，成犬之後才飼養於屋外的犬種。有些則是在成犬時也仍然待在室內，與家人一起生活。

悠閒地趴在坐在沙發上的主人腳邊，聽到聲響也不會起身的這些犬種，可能比在房間內吵鬧不休的小型犬更適合養在室內。但儘管個性是多麼的溫馴，也要讓牠們擁有屬於自己的狗屋。

如果到了成犬時代還要養在室內，則從幼犬開始，就要準備好成犬用的較大狗屋。亦可利用圍欄取而代之。

當然，絕不允許牠與主人同床共眠，很多飼主允許幼犬在自己的棉被內鑽進鑽出。但是，如此一來，牠會以為這是自己睡覺的地方，甚至會出聲威脅後來上床就寢的主人，想要趕走主人。大型犬若也有這種習性，那就難以處理了。

這個家的領導者是主人，即使是大型犬，在家族中也居最下位，這一點務必讓牠明白，故絕對不可和犬擁有同一張床。

勿讓幼兒與犬同樂

廚房、書房、嬰兒房等，是犬的禁地，從幼犬時代就要給予教導。

犬的習性之一，就是喜歡與他人嬉戲，但是，開始蹣跚學步的幼兒，如果與大型犬嬉戲，容易發生意外。

若要讓幼兒與犬和睦相處，一定要有大人隨旁監視，首先，牽著幼兒的手撫摸犬。當犬想要嬉戲時要制止牠「等等」。重複進行這個訓練。如此就算幼兒撫摸犬，牠也會順從。

經由這個訓練，慢慢地，犬就會知道如何保護這個愛撫自己的小主人。犬會為了自己所屬群體的安全，而奮不顧身地與敵人作戰，這也是承襲祖先的習性使然。

利用人手使龐大的身軀感到安心

為了訓練而責罵犬時，即使是大型犬，也不能過度地體罰牠的身體。

做錯事時，要捲起報紙拍打地板，使其受到驚嚇。另外，也可以蹲下與犬的眼睛同高，凝視牠的眼睛予以教導。這個方法也可以用以訓練小型犬。

過度毆打，可能會造成牠變得神經質、膽小，或相反的，成為攻擊心極強的粗暴犬，屆時，問題會比小型犬更難以處理。

長毛犬種，從幼犬時代開始，要訓練牠習慣接受人手的處理。否則到了成犬，人手不易控制，而任其身體污濁時，就會招致疾病。

從小開始，就要經常抱著牠，用指尖取代梳子為牠理毛，或是使其仰躺，撫摸牠的腹部、耳朵、嘴巴，如同玩樂般地進行，犬就會慢慢習慣將自己的身體交由人手來處理了。

飼養於屋外的大型犬

幼犬時代勿繫狗鏈

飼養於屋外的大型犬，在幼犬時代（出生後十個月左右）還無法散步時，於室內生活，繼而將其放到屋外，這樣就能夠成為適合於屋外飼養的犬種。

在幼犬時代飼養於屋外的犬種，其性格、體質與行動性都適合於屋外生活，但是，如果自幼繫以鎖鏈，就會造成精神發育不良。為避免犬逃脫，可利用圍牆或柵欄，圍住整個庭院，讓牠於有限的空間中自由自在地遊玩，勿繫以狗鏈。

狗屋要設在能夠看到家人之處，同時，只要飼主叫喚，立即能聞聲而至，儘量製造與犬接觸的時間。

顧及這些問題後，就要進行嚴格與富於情愛的訓練了。

培養心胸寬大的犬

原則上，屋外飼養的大型犬中，尤其是出生六個月以後的犬，如果進入訓練所，由專門

的訓練師來訓練，就能充分發揮這種犬種原有的魅力。

飼主要儘可能參加這種訓練，以學習如何訓練犬。

如果在家庭中訓練，基本上要注意的是，不可施予太嚴格的體罰，否則犬會反抗或有攻擊性，或是成為畏縮膽小的犬。

如果隨著個人喜怒，情緒化地責罵犬，而犬不了解飼主何以生氣，若是感受性強，具有纖細性格的犬種，有可能會受到心靈的傷害。

因此，必須要以寬大的心胸來對待犬，才能培養出心胸寬大的犬，這也是基本的訓練，對於大型犬，更是必須注意這些事項。

不可吃來自家人以外的食物

在屋外飼養的大型犬，背負著看門狗的任務。

但是，如果會隨意對人吠叫，或喜歡咬人的犬，會令人感到困擾，不只是大型犬，所有犬共通的防衛本能或攻擊本能不能放任不管。而且，為了使犬成為優秀的看門狗，在飼主充分了解犬看到陌生人，會為了保護自己的群體、家人，而發揮本能的行為。同時，也必須訓練犬壓抑此本能，在這一方面，要多加體貼。

但是，不能讓牠們完全喪失防衛本能，所以雖然不能讓犬亂叫，但是也不能喪失對於外部侵入者的警戒心。

雖然這類事情鮮少發生，但是若有宵小入屋，可能會偷偷瞞著家人給予犬食物，待犬完全就範以後，就會試著侵入空無一人的屋子，這些都是必須考慮的問題。

為了防止這種事情的發生，必須訓練犬除了家人以外，其他任何人所給予的食物都不能吃。即使是出於善意，也必須訓練犬不能接受。

訓練方法如下：請一位陌生人給予犬當藥粉末等，無害卻帶有苦味的食物，隔數日就給予一次，讓犬了解到陌生人所給予的食物是非常可怕的，這也是方法之一。

這不僅能防止宵小入屋，也能預防屋外飼養犬可能會發生的意外事故。

利用購物的機會，訓練犬等待

散步途中，要購物時，經常會看到把犬拴在店門前，讓狗等待的情形。

通常，連在屋外飼養的犬，獨自被留在人來人往的道路上時，也會感到不安。因此，為了找尋飼主而狂吠不已，或是咬斷綁住的繩子，去找尋飼主。

為了訓練犬能等待，必須要訓練犬，首先，在自宅把犬拴在門口，飼主逕自進入家中，如果犬要追過來，則制止牠，說「不行」，重複做幾次，讓犬等待。然後，就放開拉繩，重複再做幾次，讓犬了解到只要乖乖地等待，飼主一會回到身邊來。

在家門前完成這種訓練以後，然後再把犬帶到城鎮中，拴在店門前，最初在短時間內就進入，然後再漸漸延長時間。

如果犬好好地等待，也不能過於稱讚牠，只要輕聲讚美其表現，便很自然地和犬一起走回家去。讓犬了解到，牠獨自待在店門前，絕對不會發生令自已感到驚訝或慌張的事情。

只留下犬而外出時，飼主的態度也是一樣的。出門前，若一直安慰犬，回來以後，也一再安慰犬。反而會讓犬以為發生了特別的事，而感到不安，所以家人不在時，便會持續的吠，而成為一條性格懦弱且任性的犬。

飼養於室內的小型犬

小型犬幾乎都飼養於室內，由於身體小，是以和人類共處一室，也不會造成妨礙。在室內跑跳，便能得到充分運動量的犬種非常多。

不可過於寵愛

室內飼養的犬種，因為常與家人生活在一起，所以擁有最健全的精神發育。比起在屋外飼養的室外犬而言，室內犬自然幸福多了。

但是，由於與人類的接觸頻繁，很可能備受溺愛。在與人類的共同生活中，產生許多意想不到的弊端。這也是小型室內犬的問題。

絕對不能共床

有的犬在睡覺時，會理所當然地鑽入人類的被窩睡覺。

原本允許犬這麼做的人類，本身的做法就不對。不過，犬本身在野生時代，就過著群居的生活，晚上互聞鼻息聲而入睡。對牠而言，和視為群居同伴的飼主一家共眠，是理所當然

的行為。

因此，犬在鑽進被中，而被推下床時，會不明白何以白晝時是一起遊玩的同伴，到了夜晚卻不能共眠，心中會抱持著疑問。

這時，有必要讓牠們了解，即使牠們與家人朝夕共處，仍然是處於下位，人類還是經常處於上位，所以不能和犬共有一張床。

如果允許犬這麼做，犬會進一步認為自己與家人具有同等地位。若無法隨心所欲，便會吠叫或亂咬，成為任性的犬。

因此，教導犬處於最下位，犬便不會以此為苦，因為昔日其祖先在團體中，便有一領導者，而其他成員則依照各自的順位。為了團體的存續，而展現行動。縱使在最下位，牠也能甘之如飴，而且對於領導者和在上位的同伴，也能夠竭盡忠誠。

最可怕的是，在家人的疼愛下，會助長其任性的行為，而喜歡亂叫、亂咬，如果家人也允許牠這麼做，牠就會誤以為自己才是團體的領導者。

也許，人類會以為和可愛的犬一起睡覺，是快樂的事。但是，必須要按捺住這種心情，準備好犬專用的狗屋，雖然覺得犬很可憐，還是要把狗屋安置在能聽到飼主睡覺聲的寢室一角。

在室內保持禮貌

與大型犬不同的小型犬，即使在室內跑跳，也不會造成妨礙，並予人可愛感。

但是，若有客人到來或在家中用餐的時候，犬仍任性活動，會予人厭惡感。

因此，一定要徹底地訓練牠進入狗屋中，只要一聲令下「進狗屋去」，牠就能乖乖地待在自己睡眠的場所，這也是一種方法。但是，若狗屋安置在別的房間，而強制牠離開和樂融融的場面，也的確可憐。

這時，「等等」的訓練便可派上用場。通常，這方法是使用於外出散步或原野等廣大空間中，但是小型犬在室內時，為了限制其在狹隘空間的任性行動，也可以採用這種訓練。

因此，要先訓練牠學會「坐下」，然後再套上拉繩讓牠坐下，而人從正面用手掌按住犬的鼻尖，命令牠「等等」。起初，犬可能不了解其意而想要動，這時可以把拉繩往上拉，給予頸部震撼，然後再嚴厲地說「等等」。

重複訓練，牠便能乖乖地等待，做得很好時，就稱讚牠「很好，很好」，同時愛撫牠。

接著，鬆開拉繩，做相同的訓練，如果能做得很好，再教牠「趴下」與「休息」。

這是大型犬在屋外進行的訓練，不過在室內使用亦可，人正對著坐下的犬二旁的前腳，說「趴下」時，同時把犬的雙腳往前拉，使犬保持趴下的姿勢。如果做得很好，要充分稱讚牠，然後再命令牠「休息」，把趴下的犬腰部輕輕地由右推向左。

能做到「休息」的姿勢以後，命令牠保持這姿勢「等等」，然後稍微後退。若牠想要移動時，則說「等等」，然後再慢慢地繞著犬走。如果犬移動，則嚴厲地對牠說「等等」，再躲在門外。

不安的犬想要開始移動的時候，強烈地責罵牠「不行」，再從「休息」的姿勢開始訓練。然後，漸漸延長讓牠等待的時間。能夠做得很好時，必須充分地稱讚並愛撫牠。

使犬乖乖地看家

在室內飼養的犬比在屋外飼養的犬，有更多與家人相處的時間，因此家中空無一人，獨自在家中時，就會產生強烈的不安感。被關在寬大的密閉空間中，尤以小型犬會備覺難受。

因為難受，就會不斷吠叫，由於慾求不滿而咬傢俱，或是會出現不分場所，而到處撒尿的情況。

因此，要讓犬看家時，在外出的時候，不要採取會助長對方不安的態度，所以，以拜託的口吻要牠看家，反而會造成反效果。因此，要採取冷靜、若無其事的態度出門，然後以若無其事的態度回家。回來以後，也不要一味地討好牠，或給予從未有過的稱讚。這些異常的行為會使犬覺得情況太特殊，而沒有好結果。

讓犬習慣於看家，即使沒事也要裝作外出的樣子，有時候，可以離家五～十分鐘，讓犬慢慢了解到，即使獨自待在家中，也不會感到害怕。

不在家的時候，可以打開收音機或電視。如果短時間內就會回來，外出以前就讓犬先玩玩具吧！

回來時，若看家的犬持續吠叫或飛奔過來迎接飼主，要故意忽視其行為，或要牠「坐下」，待其興奮度退卻以後再理會牠，絕對不要表現出對犬的同情態度，而讓犬了解到飼主外出是理所當然的事。

若發生咬壞傢俱等破壞行為時，待行為結束，飼主回到家才責罵牠，犬會莫名所以。因此，在犬做出這種行為時，就要責罵牠。

最好的方法是裝作外出的樣子，看到犬開始咬傢俱時，便立刻奔入家中責罵牠。重複此舉，便能改正不良的惡習，這也是一種方法。

不可過於打擊犬

即使自己的情緒非常高昂，也不能大聲地責罵犬。尤其是小型犬，可能會受到驚嚇而摔筋斗骨折，有時甚至會死亡。

可以捲起報紙，拍打犬所在位置的地板，以達到嚇阻的作用，然後蹲下，看著犬的眼睛來責罵牠。

即使要毆打犬，也不能給予過度的震撼。

若不是獨門獨院，而是公寓等團體住宅，要教導犬的事項還多得很呢！例如：在通路或電梯中，不能吠叫吵鬧，不可任意地鑽入鄰居家中，也不可以跑到陽台吠叫等等，這些都是必須注意的訓練。

當然，經常會出現必須責罵犬的機會，但是過度的責罵會使犬畏縮，這並不是好事。畢竟，活潑可愛才是小型犬的魅力。

飼養於屋外的小型犬

重視親膚關係

通常，小型犬是在室內飼養，但是有的犬種從幼犬時期起，就可以在室外飼養。有的是在幼犬時在室內飼養，成犬以後再放到戶外去飼養。

總之，小型犬在屋外飼養時，必須比大型犬更注意與飼主之間的親膚關係，狗屋要放在能看到家人，聽到家人的叫喚的地方。

從室內飼養移到屋外飼養時，要把原先擱在起居室或寢室的狗屋拿到走廊。習慣以後，再移至玄關。待其充分熟悉以後，再移到屋外的狗屋去。

若突然從室內移到屋外，由於環境的變化過於激烈，而無法對應，對於肉體或精神健康都會造成影響。

例如，幼犬期時，曾經有過在屋內與家人共同生活經驗的犬，很難忘記這種經驗，所以一有事情發生時，動不動就會想要鑽入家中。這時，全家人必須要好好地協調，訓練犬去應對，不再做出這種行為，而好好地應對外界。

這是因為有很多犬身體雖小，可是在成為成犬以後，在屋外生活比在屋內更發揮這種獨特的魅力所致。

要咬庭院的樹木時

利用圍牆或柵欄圍住庭院，以防止狗的脫逃，確定不會發生這種事情以後，就不必經常把狗拴在狗屋中。但是，必須注意的是要訓練愛犬不在庭院中挖洞或咬樹木。

犬咬樹木的原因，很可能是因為每天食物的養分過於偏重某種食物所致。而犬以其本能的智慧，便能知道由樹可以攝取到這種養分。

這和犬的體內有寄生蟲或下痢時，想要吃草的動機是相同的。

因此，如果犬在庭院中咬樹木時，必須要注意其體調，大多是因為運動不足、情愛不足所導致的慾求不滿所致。這和室內犬咬傢俱的情形一樣，為了制止這種行為，當成日課的散步是不可或缺的，或是遇到有事時，就要出聲叫喚牠，撫牠的身體，和牠一起玩，注意與犬之間的親膚關係的建立，這一點非常重要。

如果這麼做，犬還是想咬東西，當場發現犬這種行為時，就要嚴厲地責罵牠「不行」，要牠停止，或是讓牠咬一些可以咬的玩具。如果在咬過一段時間以後才責罵犬，犬也不知道自己何以受到責罵，所以一定要在牠咬的時候，就趕快責罵牠。

有的犬會吃自己的糞便

屋外飼養的犬與室內飼養的犬一樣要注意的，就是要有固定的排泄場所。儘可能選擇隱密處或臭味不會四溢的地方，與室內犬一樣，在這些地方放置廁所。要很有耐心地訓練牠，能夠在這地方好好地排泄。同時，必須要注意排泄物要儘早處理。

不僅是害怕會造成鄰居的不便，同時也擔心犬會吃自己的糞便（有時候，也會吃其他犬或人類的糞便）。

衆所周知，母犬會舔甫出生的幼犬的排泄物，犬不像人類一樣，對排泄物會產生抵抗感。而且，散步途中聞其他犬的尿或糞便的味道，或是舔一舔（據說也具有其他重要的目的），這是本能的日常行為。

由於糞便中含有酵素或礦物質等各種營養成分，因此當飼主所給予的食物、營養偏重某一方面時，犬會藉著吃糞便來補充不足的養分。

此外，對犬而言，糞便可能是非常美味的食物。事實證明，一旦吃過一次以後，就會變成習慣化。

但是，糞便中也會含有蛔蟲的卵或傳染病菌，因此絕對不能讓犬吃，看到犬吃的時候，就要用力地打牠，讓牠吐出來。嚴厲地責罵牠「不行」，要儘早完成這種訓練才行。

如果不帶犬一起出去散步或和犬一起玩，犬為了打發無聊的時光，會把自己排泄的糞便當成玩具，在玩弄的時候，可能會吃下去，這種事情非常多，因此必須要注意防止犬的慾求不滿。

以情愛來監視犬

小型犬在屋外飼養時，也能發揮看門狗的作用。但是，為避免犬對路人亂叫，或是咬郵差等行為的出現，一定要好好地訓練，否則會成為鄰居所嫌惡的犬。若好不容易放在庭院飼養，最後又必須回到家中，犬對於這些不斷出現的環境變化，會感到困擾。

在屋外飼養犬時，與在屋內飼養犬一樣，要經常以深切的情愛來監視牠，此舉有助於使小型犬和大型犬一樣，能成為能忍受孤獨的好犬。

受人歡迎大型犬種集

工作犬
Alaskan Malamute 美國（阿拉斯加地方）
忠實、勤勞

阿拉斯加雪橇犬

在阿拉斯加北部的海岸地方，與馬拉繆特族一起生活，幫助族人狩獵或捕漁，以及拉雪橇的犬種。

在撒摩耶犬與愛斯基摩犬等有血緣關係的雪橇犬中，是屬於體型最大，體力與持久力都非常好的犬。身披3～5公分的厚上毛與羊毛狀的下毛捲尾、立耳。

從幼犬開始的訓練非常重要，運動量不足，會造成壓力積存，必須注意。夏天時，消解暑熱的對策不可掉以輕心。

狩獵犬
English Setter 英國
穩　重

英國賽特犬

祖先為西班牙犬，具有絕佳的鳥獸犬性能，有優秀的狩獵本能。

被毛為絲線狀的長毛，耳、胸、四肢後方、腹部、尾巴內有飾毛。尾巴筆直，前端細，垂耳。個性溫馴。富於家庭性，是容易訓練的犬種。

要好好地處理毛，讓牠悠閒地運動。

狩獵犬
English Pointer 英國
友　好

英國嚮導獵犬

原本為西班牙獵犬改良而成的犬種，具有極高的鳥獸犬性能，腳程快速，具有敏銳的嗅覺。在嚮導獵犬中，是最有名的犬種。

對於家人的情愛極深，具有優秀的集中力與持久力。硬而短的被毛，前端較細、筆直的尾巴和垂耳，為外觀的特徵。

從幼犬時開始，就要好好地訓練，利用許多的運動消除壓力。

牧羊犬
Old English Sheepdog 英國
活　潑

古英國牧羊犬

昔日是保護羊免於受狼侵襲的犬，18世紀時，則用來護送家畜至市場，成為趕家畜的犬，現在為家庭犬，在狗展中經常可見。

個性活潑，好惡作劇，容易與人親近。蓬鬆豐富的被毛、垂耳、短身軀與高腰，為其外觀特徵。

要仔細整理被毛，尤其是夏天容易掉毛，所以要仔細刷毛。吠叫聲較大，所以要好好地訓練

牧羊犬

工作犬
Great Pyeness 法國
穩　重

庇里牛斯山犬

是庇里牛斯山脈的村莊中，牧場的看門犬，為保護羊或飼養家族的犬種。17世紀時，成為法國的宮廷犬，守護城池。

富有智慧，個性溫馴，但是也有勇敢的一面。骨骼粗壯，力量強大，被毛的顏色各有不同。不過，在19世紀時，以白色佔優勢。後足各有二根狼爪。

幼犬時，非常頑皮，因此要教導牠何者可為，何者不可為。

換毛期時，每天要仔細刷毛。

牧羊犬
Collie 英國（蘇格蘭）
開 朗

長毛牧羊犬

祖先是自古以來，在蘇格蘭高地當成牧羊犬飼養的犬種。不畏惡劣的天候，會把羊從山上趕下山谷。

為個性開朗，具有友好自立心的犬。垂耳，身體強壯。包括長毛的豐毛牧羊犬與短毛的順毛牧羊犬二種。

運動不足，會產生壓力，每天要讓牠充分地運動。從幼犬時代，告知不可做的事，極為重要。被毛容易蓬鬆，所以要勤加整理。

工作犬
Samoyed
俄羅斯（西伯利亞地方）
穩　重

撒摩耶犬

由居住在苔原地帶的撒摩耶族，視為家庭成員一般地飼養，具有獵犬、雪橇犬、看門狗的作用，是絲毛犬族中最古老的犬種。

密而厚的被毛，毛色為白色、奶油色、餅乾色。為立耳、卷尾、強壯友好的犬。活潑、友好，表情豐富。

與生俱來具有溫柔的性格，但是還是要讓牠認識人類是身邊的存在。白色的毛色必須要勤於整理，保持美麗。

德國牧羊犬

代表德國的工作犬種，從優秀的牧羊犬改良為軍犬。可勝任牧羊犬、軍犬、警犬、導盲犬等的工作，非常活躍。

勇敢、行動敏捷，服從性佳，活潑、好運動。擁有犬的立耳、垂尾、強壯的身體。被毛為長度適中的直毛。

警戒心強，但是情愛頗深，是懂得犧牲奉獻的犬種。從幼犬時代，好好地訓練，發展其良好的資質。

玩賞犬
Chow Chow
中　國
忠　實

嬌嬌犬

在中國具有2000年歷史的犬種。昔日，當成作業犬、獵犬、看門狗來使用，而獨特的走路方式可能是因為在食用犬的時代，為使其變胖，而幾乎不動的後腳改良成棒狀所致。

全身由鬃毛狀的被毛所覆蓋，圓圓胖胖，皺在一起的臉部表情，看起來非常滑稽。舌頭為青色，是只會跟隨飼主的犬。

從幼犬時代，就要很有耐心地訓練。要注意飲食，以免太胖。

工作犬
Bernese Mountain Dog
瑞士（伯恩市）
順 從

伯恩山犬

隨著羅馬軍的侵略，而帶來的軍犬的子孫，可勝任農家的看門狗、趕牛、拉貨車等工作。

個性溫馴、順從、聰明。但是，有時候會有主見，而不遵從飼主的訓練。

被毛為具有光澤的長毛，垂耳、垂尾。

從幼犬開始，就要進行一貫的訓練，是重要的。這是最喜歡散步的犬種，所以要儘可能長時間讓牠散步。

工作犬
Labrador Retriever
英國
勤勞

拉布拉多獵犬

乘坐在英國的漁船中，幫助漁夫從海中收回魚或魚網。現在則成為導盲犬、警犬、救助犬，在各領域非常活躍。

好工作、活潑，卻不具有攻擊性，垂耳、如水獺一般的尾巴；柔順的短毛，為此犬種的特徵。

有旺盛的工作慾望，要發展這種優點，好好地訓練。經常和牠說話，每天讓牠運動。

工作犬
Rottweiler
德國（羅特威勒市）
溫　和

羅特溫勒犬

古羅馬時代，當成畜牧犬或拉車犬來使用。此外，也會拉著食用牛越過阿爾卑斯山。後來，又成為軍犬、警犬、看門狗，非常活躍。

聰明、心胸寬大、耐力極強，是性格溫和的犬種。大頭、垂耳、壯碩的身體、斷尾、短毛，具有光澤的被毛。

不可採用富有攻擊性的教育方式，要以愛心來教導，好好地訓練，使其了解主從關係。

狩獵犬
Weimaraner
德國
忠實

威瑪犬

17世紀時，威瑪地區的貴族在足不出戶的狀態下飼養出來的犬，是嗅覺敏銳，腳程極快的犬種，當成狩獵犬，用來獵鳥、豬、鹿等。

對飼主忠實，但是也具有頑固的一面，眼睛呈琥珀色或青灰色，長長的垂耳、強壯的身體、斷尾。被毛為具有光澤的短毛。

不可寵愛牠，要好好地訓練，否則有時會難以對付，要讓牠充分運動。

受人歡迎小型犬種集

工作犬
Shiba
日本
單純

柴　犬

據說這是從日本繩文時代就開始的古老犬種，是從南方傳來的。平安時代，用作獵小型獸的犬或鷹犬。1937年時，指定為保育動物。個性忠實而溫馴，但是對他人都抱持著警戒心。立耳、卷尾、硬直的上毛與綿毛狀，濃密叢生的下毛為其特徵。

經常和牠說話，一起展開行動，就能加深親密關係。此外，也有莽撞的一面，因此從幼犬時代起，就要好好地訓練，讓牠充分運動。

喜樂蒂

在英國最北端的島──謝德蘭群島，當成牧羊犬的犬，暱稱為喜樂蒂。

個性順從，容易處理，但是有點害羞，半直立耳，一直垂到腳下的長尾，看似小型的長毛牧羊犬，美麗的毛整齊地列在鼻翼。

從春天到夏天的換毛期，要仔細地刷毛，要好好地使其成長，成為心胸寬大，個性友好的犬。

狩獵犬
Dachshund
德國
活 潑

臘腸犬

用來獵狐或貛，而改良成容易鑽巢穴的形狀。尺寸包括標準型、迷你型、大型三種，毛質也分為三種型態。

個性活潑，對飼主情愛極深，發現異常情形時，會很敏感地吠叫，來通知大家。體高與體長比為10：20，是屬於身軀長腳短的犬種。

注意控制體重，以免對背骨造成負擔。要常愛撫牠，與其溝通。

玩賞犬
Pug
中國
活潑

哈巴狗

自古以來就有的犬種，起源不明，17世紀時，傳入荷蘭，受到歐洲王候貴族的喜愛。

大膽、活潑、好玩。糾在一起的臉龐、突眼、垂耳，撒嬌的表情為其特徵，尾巴為捲尾。臉部、耳部、背部有黑色線條較好。

皺紋較多的顏面必須要勤於擦拭。夏天不耐熱，所以要注意。身體強壯、活潑、運動是不可或缺的。

玩賞犬
Papillon
法國、比利時
最會撒嬌

蝴蝶犬

原產於西班牙的西班牙犬的子孫，在法國改良為美麗的犬種。在法國，受到貴婦人的喜愛，為玩賞犬。

聰明、敏捷的犬種，是容易飼養的犬種。絲線狀的長毛，耳、胸、四肢、尾巴有豐富的飾毛，為直立耳。

過度溺愛的飼養方式，會讓牠覺得自己是一家之長。所以讓牠遵守一定的原則非常重要，要經常整理美麗的毛。

狩獵犬
Kai
日本
富於野性

甲斐犬

在甲斐國（現在的山梨縣），當成獵豬或獵鹿來使用的中型獸獵犬，到現在仍然是狩獵方面非常活躍的犬。1934年時，指定為天然保育動物。

除了飼主以外，對他人難以習慣，具有野性味，富於警戒心。立耳、捲尾或直尾，具有硬而直的上毛和綿狀的下毛。毛色為赤虎、中虎、黑虎等色。

要充分運動，經常和牠說話，培養其寬大的心胸。

叭喇犬

祖先為獒犬，12世紀後半期開始，用來與雄牛互相鬥毆。在禁止鬥犬以後，勇猛的性格受到改良，而成為非常勇敢，但是卻順從的家庭犬。

具有強健的下顎、臉的皺紋、壯碩的身體。短而硬的被毛為其特徵。生產方式可採用剖腹產，要和獸醫商量。不耐熱，所以夏天要讓牠待在涼爽的場所，好好地訓練牠，使牠不會攻擊別人。

工作犬
Boxer
德國
忠實

拳師狗

19世紀時，用來與公牛鬥毆的鬥犬。後來，成為軍犬、警犬、護衛犬、非常活躍。

有很強的防衛心，忠實、容易與人親近，喜歡撒嬌。臉部具有皺紋，下顎突出。斷耳、斷尾、短而具有光澤的濃密被毛，修長的體型為其特徵。

夏天的暑熱，冬天的寒冷都必須充分注意，好好地訓練，充分讓其運動。用熱毛巾擦拭被毛，使其乾淨。

迷你舒奈滋

19世紀末時製造出來，當時用來趕走在廄舍的老鼠或農場家畜的看門狗來使用。1899年時，在狗展中登場，後來就成為家庭犬和狗展的犬種，受人喜愛。

勇敢，容易與人親近，喜歡玩。四方形的身軀、斷耳、斷尾，鐵絲狀的被毛，為其外觀的特徵。梳理毛時，採用只剩下鬍鬚和毛的獨特梳理方法。

經常和牠說話，儘量和牠玩，訓練重點在於不可讓牠亂吠叫。

狩獵犬
Miniature Schnauzer 德國
活　潑

迷你品

有㹴犬的氣質，以前用來捕老鼠，人稱之為森林小鹿的㹴犬，暱稱為迷你品。

活潑、好動，對於飼主的訓練，能夠充分了解。斷尾、斷耳，有富於光澤的短硬被毛，腳非常長，具有如小鹿一般的外貌。

短的被毛用熱毛巾擦拭，保持乾淨，要注意不要任其神經質地亂吠叫。冬天時的寒冷，要為牠預防。

狩獵犬
West Highland White Terrier 英國（蘇格蘭）
活潑

西高地白㹴犬

在蘇格蘭，用來追捕老鼠或兔子等小動物的獵犬。十九世紀以前，因為虛弱而被排除的白色凱恩蘇格蘭㹴犬為其祖先。後來，由對這種犬種有興趣的人來改良。

個性活潑，具有㹴犬獨特的頑固性，此外，穩重、對於飼主竭盡忠誠。短小的四肢、小的三角耳，上毛較硬，毛色只有白色。

必須好好地訓練，不可使其任意吠叫。身體部分毛的整理，要保持在5公分左右。

第三章

人類與愛犬的接觸

（特別報導）

單身貴族的好伴侶、和孩子一起成長的家族中的一員，或是訓練狗的馴狗師及訓練師等，互相接觸的人類與愛犬。與愛犬之間的接觸，有不同的型態與狀況。

從幼犬時代就好好地訓練，日後不會感到懊惱，以溫厚的情愛培養愛犬聽話的性格

日本絲毛犬的阿倫　小林紀子

很有耐心，重複責罵教導消除愛犬的惡作劇

我去拜訪住在埼玉縣大宮市的小林時，先映入眼簾的是廣大的陽台。十個榻榻米以上的空間，是二個孩子和愛犬阿倫的遊戲場所。

今年十一歲的阿倫（雄犬），是紀子太太在單身時代就養的絲毛犬，阿倫跟著一起嫁過來。

「幼犬時代，要訓練牠非常困難，牠很愛惡作劇……。經常會把拖鞋和鞋子咬得破爛不堪（笑）。」

在主人很有耐心的一再責罵教導下，這麼惡作劇的犬已改了不良癖性，現在即使獨自留在家中，也不會把室內弄得亂七八糟地。

此外，在公寓中飼養，最令人在意的就是狗叫聲。一般而言，絲毛犬的叫聲非常高昂，

包括主人在內，全家人都喜愛犬！「看起來好像有了個孩子一樣（笑）。」太太這麼說。主人叫喚時，阿倫立即跑到隊伍中，準備照相。

但是阿倫絕對不會隨便亂叫。

「訓練方面，最需要注意的，是不可任其亂叫。而且，一直住在公寓裡面，更需要注意這一點。現在，如果玄關的鈴聲響時，牠會叫一下，但是除此以外，牠幾乎不叫，例如：較小的兒子（二歲）的朋友們來玩時，這時這些小孩可能會去拉牠的耳朵或尾巴，而牠也不會亂叫亂咬。即使被拉扯時，也只是輕聲嗚叫，不斷忍耐（笑）。」

一天散步二次，早上由女主人帶著，晚上則由男主人和孩子一起帶著去散步，二歲的孩子最喜歡牽著阿倫的拉繩。

「剛開始時，有點擔心，但是在跑的時候，阿倫會配合孩子們的步調。」

哥哥陽太似乎也經常陪著阿倫去玩。

和孩子們一起玩，對於其他的犬不表關心，所以只讓牠和孩子們一起散步，也不必感到擔心。

10：45分
在公園散步時，
我也想坐呢！

妹妹用拉繩牽著狗到附近的公園去散步。因爲不會突然橫衝直撞，他不會朝旁邊跑，所以2歲的女孩拉著也沒關係。

到公園以後放開拉繩，阿倫也不會跑到遠處去，會在小林太太的四周徘徊。

花一～二年的時間，慢慢習慣暈車的訓練

去年，也帶阿倫一起去度假。為了讓阿倫也能一起去，所以決定露營。「阿倫容易暈車，每次坐在車上時就會吐，所以花了一～二年的時間來訓練，使牠慢慢地習慣。現在，已經非常習慣了。只要是能帶犬一起去的地方，都會帶牠去。散步時也是如此，阿倫絕對不會獨自跑到很遠的地方去，所以在露營場也可以任牠四處去。每當牠想要去跑跑時，就會抬起頭來看看我（笑）。」

牆壁上，貼著外出旅遊的照片。

阿倫絕對不會在孩子遊玩的場所──陽台上排便，這也是很有耐心地訓練而成的成果。

在房間裡，也會乖乖玩的阿倫，從陽台進入房間之前，在等到主人說「好」以前，牠是不會進入的。

不過，阿倫在陽太出生的時候，還是表現了一些嫉妒心。「每次在我抱著嬰兒的時候，牠就在一旁叫著，不願意離開身邊，雖然我知道阿倫不會亂咬人，但是因為是嬰兒，為了以防萬一，還是非常注意。」

阿倫的嫉妒透過增加與其說話的次數，或是多加溝通，而使其消除。可能因為有了這方面的溝通，因此在妹妹出生時，阿倫似乎已經放棄了，不再表現出嫉妒之心了。

阿倫逐漸成為連附近鄰居的小孩都喜歡與牠一起遊玩的犬，從幼犬時代，就好好地訓練，牠當成家庭成員之一，給予深切的情愛，才能培養出牠現在溫厚、聽話的性格。

犬種指南

日本絲毛犬

Japanese Spitz

在德文中，絲毛犬有「尖」的意思，是以耳朵和口吻的形狀而命名的。以撒姆爾犬的小型尺寸為目標，予以改良。1955年時，非常受人歡迎。個性溫馴、順從。以前會隨便亂叫，但是現在性格也改良了，具有穩重的性格，最近，在歐洲也受人歡迎。

體高	雄35cm～38cm	雌33cm～35cm
體重	雄 9 kg～11kg	雌 7 kg～9.5kg

有正確的愛犬知識與情愛，以及嚴厲地責罵「不行」，是最重要的

美國語水性西班牙犬・波爾達　克莉絲汀・絲尼普

要以一定的原則來對待犬

我拜訪美國人克莉絲汀・絲尼普小姐時，在她打開門的同時，我看到一團巧克力色的物體……。原來，那是按奈不住喜悅的心情，飛奔而來歡迎我的語水性西班牙犬（雌犬）。我國經常能看到這種犬，不過牠原是獵鴨的獵犬，是非常懂得游泳的犬種。

「波爾達，過來！真對不起，牠很沒有禮貌，因為有客人來，牠太高興，而忘了禮貌。」絲尼普小姐在大學教授英文。後來，又在語學教育關係企業擔任與外國教師面談，或是製作教材的相關工作。

二年半前，波爾達開始與她住在一起。她打從孩提時代起，便很愛狗，然而在美國卻沒有得到父母親的允許來養狗，所以她一直按奈著。但是，來到我國數年後，因為調職之故，而找到了可以養狗的屋子。

絲尼普說「到這兒來坐」時，波爾達就會乖乖地坐在一邊。這時，絲尼普會稱讚牠是個「乖女孩」，波爾達會充滿了喜悅。

把扔過來的拖鞋好好地撿回去，是波爾達的拿手絕活呢！

和犬一起生活以後，我變得喜歡運動了。」絲尼普這麼說。對於絲尼普而言，早、晚一個小時的散步，也是很好的運動吧！

美國語水性西班牙犬是即使在美國，若不事先訂購，也很難得到的犬。因此，波爾達可能是她直接從育種專家處訂購而來的。

「這隻不是幼犬……，介紹這隻犬給她的時候，她因為很想要這隻犬，立刻就決定了。而且，上廁所的訓練也已經結束了，所以非常輕鬆。」

一想到波爾達的可愛，不禁令她感到非常煩惱。原來，波爾達的可愛是造成煩惱的原因。「不論牠到哪裡去，大家都說她很可愛，而給牠東西吃。」

絲尼普以一定的原則來對待波爾達。例如：只能吃決定的食物，而不能任意吃零食，或是撿拾東西來吃，這是絲尼普的想法。因此，她絕對不會把自己的食物分給波爾達吃。

在公園玩球，是波爾達最喜歡的遊戲，看起來似乎在應對著，「把球撿過來」、「嗯」。

波爾達深受歡迎，不論到哪裡去，都會有人說：「好可愛啊！」但是，也造成許多煩惱……。

安置在陽台的波爾達的廁所。為了保持清潔，必須充分注意，每當排便時，要用刷子仔細地清掃。

「我吃東西的時候，牠絕對不敢討，因為牠知道即使牠想要，我也不會給牠。但是，客人就另當別論了，有的人喜歡給牠吃東西……，而她也抱持期待之心。」

帶牠去散步時，別人也會給牠東西吃，令她感到非常困擾。

牠對國人對待愛犬的方式，產生疑問

另外，牠不喜歡波爾達做的動作，就是跳起來的動作。

「我並不在乎牠這麼做，但是有的人因為不喜歡犬，所以會介意，然而波爾達卻無法分辨這一點。」絲尼普發現，雖然有很多人不喜歡，但是卻不會嚴厲地說「不行」。而且令牠感到不可思議的是，國人非常怕狗。

「可能是因為不太了解犬，而感到害怕。其實，波爾達是不會亂咬的。」

不只限於這些反應，對於國人對待犬的方式，她也產生了疑問。

「有的飼主喜歡立刻就把犬養得胖胖地。照理而言，為了使犬能聽從飼主的吩咐，人類必須要讓犬了解到，人類是犬的領導者。可是，許多小型犬似乎不曾接受過這種訓練，而成為對飼主所說的話充耳不聞的犬。」

這時，波爾達嗚嗚地叫著，好像同意主人的說法一般。

但是，對絲尼普小姐而言，她最喜歡的波爾達，最令人感到麻煩的問題，就是洗澡的問題。由於牠是在水中游泳的犬，因此身體容易出油，大約一週就會產生體臭。

「我勤於為牠洗澡哦！正像有人說動物好臭、好髒，不過我認為這是人類的問題。每天我勤於打掃廁所，也勤於清掃房間。」

從絲尼普小姐口中，聽到她說了好幾次「我很嚴厲哦」。擁有正確的愛犬知識與情愛，嚴格執行「不行」的訓練。在訓練與溝通上，能保持巧妙的平衡。

印著波爾達照片的衣服，是父親送來的禮物。右為波爾達愛用的刷子。

從書本中汲取豐富的有關犬的知識。利用書籍，也可以檢查自己是否具有飼主的資格。

犬　種　指　南

美國語水性西班牙犬

American Water Spaniel

這是由獵犬或愛爾蘭獵犬，英國語水性西班牙犬所製造出來，原產於美國的獵犬。暗色的眼睛、長長的垂耳、略微彎曲的尾巴，能夠排水的捲毛為其特徵。嗅覺敏銳，回收作業等為其擅長。溫柔、穩定的性格，是值得依賴的家庭犬。

身高　38cm～45cm
體重　12kg～20kg

魂縈愛犬，而走向馴狗之路，現成為專業馴狗師，實現自己的夢想！

黃金獵犬　長久保秀子（馴狗師）

在大自然中，充滿元氣的黃金獵犬們

長久保秀子說：「最初，只是希望『自己的犬參加狗展得到冠軍』，但是沒想到卻成為職業馴狗師了。」

去拜訪專門訓練黃金獵犬的長久保，詢問她成為專業馴狗師之前的心路歷程，以及現在與黃金獵犬們的生活。

這訓練狗的地方，是在日本埼玉縣距川越車站，車程約三十分鐘的地方。周圍有廣大的田園所圍繞，是犬運動的絕佳環境。據說是去年十月才從立川遷移至此。

「在立川，因為範圍不大，只能夠寄養四隻犬。在這裡經常能寄養七~八隻犬，而自己也擁有五隻黃金獵犬。」長久保這麼說。

進入狗屋以後，在籠中的黃金獵犬們列隊歡迎。但是，與我先前「溫馴的犬」的印象不

建立在庭園中央的狗屋，有黃金獵犬用與小型犬用的不同運動場。

同，全都在快樂地吠叫著。

「要參加狗展的犬，活潑性當然非常重要，所以不能太過溫馴。」長久保這麼說明。

這裡除了有十餘隻黃金獵犬以外，還飼養了十餘隻西施犬與馬爾濟斯犬。這些犬全都是由長久保與和她同住的母親來照顧。

望獲得冠軍，希望對獵犬進行特別訓練

長久保小姐成為專業訓狗師的關鍵，是因為她在四年前，得到了一隻黃金獵犬。剛開始時，牠購買成為寵物的黃金獵犬。不過，她並不是特別喜歡黃金獵犬。

「當時，也飼養小型犬。不過，因為那隻犬是由母親照顧，所以對母親非常忠實，而我為了『對抗』，所以希望擁有大型犬。希望這

種犬的個性溫馴，其至能和我一起睡覺，而在多方商量之後，決定購買黃金獵犬。」她回顧當時的情形。

購買當成寵物用的黃金獵犬，結果深受其魅力所吸引的長久保小姐，又買了一隻當成寵物用的黃金獵犬，享受與愛犬的快樂生活，但是……。

「偶爾去參加狗展，發現雖然同是黃金獵犬，卻還是會有差異，讓我深受打擊。因此，決定購買參加狗展用的黃金獵犬，所以從九州育種專家處購買了愛犬，名字是加尼特。這隻犬改變了我的命運。」

與前二隻溫馴的犬相比，加尼特非常活潑，非常具有魅力。因此，長久保小姐決定讓加尼特成為冠軍犬。

「我並不是想要成為馴狗師，我只想讓我的狗成為冠軍，因為聽說交給專業馴狗師來訓練，價格太過昂貴，所以還是由自己來訓練看看。」

長久保小姐就從這一年（九〇年）開始，參加了訓練狗的研習會。

「當場訓練時，可以好好地應付犬，但是回家以後訓練自己的犬，卻發現完全不行。於是，我拜託在研習會遇到的森喜夫先生，希望能接受個人訓練課程。」

於是，一週二次，長久保開車帶著加尼特，到森先生的家裡去，進行馴狗的練習。

「也參加過狗展，不過起初並無法獲勝，漸漸習慣之後，多多少少也獲得了勝利，讓我

必須保持在最佳狀態時參加狗展，所以必須經常注意犬的狀態。

覺得愈來愈有趣了。」

這段期間，也接受他人的請求，訓練其他的犬。因此，加尼特在九二年三月終於得到了冠軍。

燦爛舞台的背後，累積了每天的訓練

許多飼主會請求長久保秀子小姐訓練狗，因此長久保決定成為專業的馴狗師。

「我想，沒有加尼特，就沒有今天的我了。」長久保小姐凝視著己逝世的加尼特的照片，感慨萬千地說道。

交給長久保小姐訓練的黃金獵犬，訓練期平均為四個月。令人感到驚訝的是，交給長久保小姐訓練的黃金獵犬，全都勇奪冠車。

「如果犬的體調不艮時，會送回飼主那兒

在這裡出生的犬，有來自九州的犬、出生於美國的犬。但是，在這裡大家都是好朋友。

去，告訴飼主要好好地修養，再回來接受訓練。雖然會發生這種事情，但是所有的犬都能得到冠軍。」

參加狗展得到冠軍的黃金獵犬，牠們的生活也沒有什麼特別。

從上午十點鐘開始，馴狗師騎著自行車牽著狗做運動。每一隻狗大約跑二十～三十分鐘，這時也必須檢查犬是否以一定的規律跑步。每隻狗的訓練為五～十分鐘，也許各位會覺得很短，但是長久保小姐卻說：

「訓練時間太久，狗會感到厭倦。每天重複訓練，才是最重要的。參加狗展以前，也不必做特別的訓練。」

在一次訓練中，同時進行三～四種訓練（走路方式或其他訓練等）。

訓練黃金獵犬的注意事項

•勿任其飛撲到人身上
　很喜歡人的黃金獵犬，放任不管的話，會飛撲到人身上。因為其體格高大，會使小孩和老年人受傷，所以要充分訓練。

•控制走路的速度
　若大型黃金獵犬一直拉著飼主往前跑，看起來的確非常不雅，所以要一邊輕輕地說「不」，一邊輕輕地拉緊拉繩，控制其速度。
　熟悉了這種訓練以後，即使遇到其他犬或貓，也不會衝過去。

•不可撿拾東西來吃
　好奇心旺盛的黃金獵犬，甚至連石頭也吃。因此，要輕輕地拉拉繩，筆直地朝前走，這些訓練都很重要。

•用語言教導
　黃金獵犬很聰明，因此用語言教導，牠都能夠牢記在心。但是，為避免犬混淆，一旦使用「不行」，就要一直使用「不行」這字眼，所使用的話語決定以後，就不再使用其他話語。以這種方式來訓練。

•出生後六個月之前，進行基本訓練
　出生後半年，體重已達二五kg。這種重量一旦飛撲到人身上，可就糟了。從出生後三～四個月開始，就要好好地訓練。

比賽時季到來時，每週都會參加狗展，甚至必須花二～三天的時間，遠赴北海道等地參展。因此，在進入狗展之前，要仔細地餵狗、洗澡或整理毛，這都是很重要的工作。

「連細微處都必須要仔細整理，所以一隻狗大約需費二個小時來整理。有時候，一次要帶十隻狗去參展，真是非常辛苦。」

在狗展中，牽著富麗堂皇的犬參展的馴狗師，的確非常辛苦。

廣泛應用一般訓練，學會參展的禮儀

一般的愛犬家對於狗展或馴狗的訓練，也會抱持著關心度。長久保小姐則說：

「即使是當成普通的狗來飼養，也可以應用狗展的禮儀。只要藉著一隻領導犬的走路速度的控制，就能夠控制其他的犬，特別是帶領黃金獵犬等大型犬時，覺得非常輕鬆。」

最後，關於黃金獵犬的魅力，長久保小姐是這麼說的：

「當我購買二隻當成寵物用的黃金獵犬時，我就已經下定決心，『除了這種犬種，其他犬種都不要』，因為牠的性格很好，而且看起來雍容華貴、氣質高雅。帶到河邊去時，牠也會游泳，最適合休閒度假。如果我要自行繁殖育種，除了黃金獵犬以外，我不會考慮其他的犬種。」

利用指示的速度，作走起路看起來又美觀又正確的「步行」訓練。利用拉拉繩力道的強弱，給予犬正確的指示。

眞的容易與人親近的黃金獵犬。性格優良，得長久保的歡心。

在狗籠中的黃金獵犬們。加尼特的孩子參加狗展，得到了冠軍。

放到運動場中，充滿解放感的黃金獵犬。

雖然身材壯碩，但是仍是小孩。到處跑跳，覺得快樂得不得了。

運動場兼排便所，所以要舖砂子。更換砂子，也是非常辛苦的作業。

好，正面朝向這裡打招呼。擺出參加狗展的美麗表情哦！

犬　種　指　南

黃金獵犬
Golden Retriever

燦爛、金色被毛的美麗大型犬，個性溫和，容易與人親近。19世紀中期，在英國產生始祖犬，原本是在狩獵時，當成擊落獵物的獵鳥犬。不會任意吠叫，好清潔。智慧極高，雖然是大型犬，也可以在室內飼養。

身高　雄56cm～61cm　雌51cm～56cm
體重　雄29.5kg～31.8kg　雌24.9kg～27.2kg

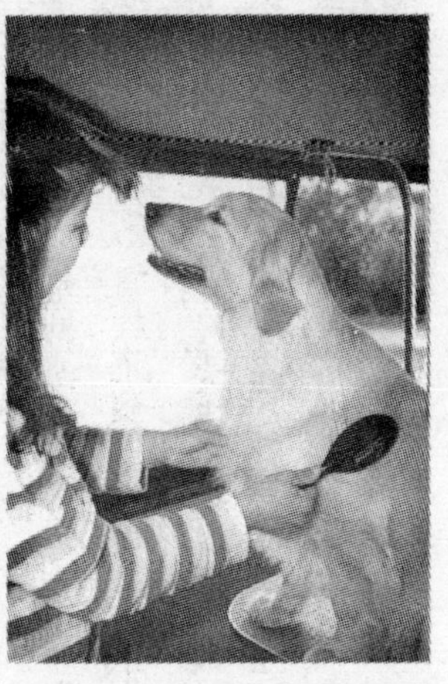

在梳毛桌上梳毛，真是很舒服呢！每天都要刷毛。

長久保小姐喜歡用的剪刀類。照顧黃金獵犬的毛，不需要太多種類的剪刀。

梳子、刷子等。在中央的是指甲刀。參加狗展時，對狗爪的整理是不可或缺的。

既定馴狗師，也是育種專家，狗屋的經營方針是隨時保持清潔

小獵兔犬／黃金獵犬　淺野亨男（馴狗師）

對於喜歡引人矚目的自己而言，馴狗師是很適合的行業

三十四歲的淺野亨男，是個性活潑的馴狗師。淺野的狗屋在栃木縣栃木市梓町。在一片綠意盎然的土地上，飼養著四十隻的犬。

首先詢問淺野為何會選擇馴狗師這個行業時，他說：

「中學的一位同學，是狗屋老板的兒子，暑假時，會到他們的店裡去打工。高中畢業後，雖嘗試多種職業，卻一直找不到適合自己的工作。後來，又回到朋友的狗屋店幫忙。這時，我發現原來自己的興趣是在於此。因此，就和老板商量。老板雖然歡迎我的加入，但仍希望我到更大的地方去學習。於是，介紹我到埼玉的大型寵物店上班。」

當時在那兒上班的淺野先生，努力地工作，後來帶店裡的狗去參加狗展時，開始對馴狗師的職業感到興趣。

成犬的小獵犬，
也喜歡親近人類

狗屋的名稱

「在這家店待了三年半，後來，我徵求主人的同意，成為獨立的馴狗師。於是，就在二十四歲那一年獨立開業。」

「可是，在最初的一～二年，根本沒有客人上門。好不容易地，慢慢有客人光顧，經過我細心的照顧後，牠們在狗展時都有良好的表現。經由客人的口碑相傳後，生意逐漸興隆。十年後的今天，終於有了一席之地。馴狗師出現於人前的機會很多，對於原本就喜歡引人矚目的我而言，實在是很合適的工作。」

這間狗屋的小獵兎犬皆為母犬

狗屋的經營重點在於隨時保清潔

淺野先生的狗屋，目前約擁有四十隻狗。因為數目太多，因此工作忙碌，必須持續到晚上十點以後。

「早上將狗放在狗籠之外，讓牠們排便，成為一天的開始。然後，再讓牠們回到狗屋。這時，就要清除運動場，給予食物。上下午輪流讓牠們運動或梳理毛。但在酷熱的暑夏，不宜讓牠們在艷陽下運動，必須待傍晚以後再運動。有的犬晚上也需要運動，所以大約過九點

母犬們都能夠和睦相處。有的母犬今年春天就要生下小犬了。

這些是成為成犬的黃金獵犬。

由淺野先生所繁殖的黃金獵犬，是出生後二個月大的獵犬。

之後，才讓牠們回到狗屋內，給予食物。不過，我倒是希望這些工作能在七點左右就結束（苦笑）。」

淺野先生甚至注意到狗屋換氣的問題。

「我這兒的狗屋，在炎熱的暑夏，也不使用冷氣。儘量讓狗生活在自己的環境中。雖不使用冷氣，但仍使用工業用的大型電風扇，並未直對著牠們吹，而是面對天花板轉，目的在於使換氣良好。尤其是處在高溫多濕的氣候中，這種方法對犬是較為理想的。我認為以自然形態換氣，是最重要的問題。」

出生後二個月大的小獵兎犬，身體雖小，食慾卻很旺盛。將來必能成為冠軍犬。

淺野先生經營狗屋的重點，首先就是注意清潔。

「我自己很愛清潔，因此，也要求成員們徹底地保持清潔。一旦排便，就要馬上清除。運動場或狗屋的正中央，皆保持傾斜，以便排水。狗屋的清潔，是一大前提。如此一來，就能建立主客的信賴關係，同時，也能與附近鄰居保持良好關係。對於從事我們這種工作的人來說，保持清

在深綠色山邊平地上的狗屋，面積廣，大狗兒們悠閒地於此生活著

潔是最低限度的禮貌。

想要持續一生培養小獵兔犬

除了馴狗師的工作以外，淺野先生也是培育小獵兔犬黃金獵犬的育種專家，尤其小獵兔犬是淺野先生最鍾愛的犬種。

「小獵兔犬即使成長，看起來也像幼犬

黃金獵犬的母親比孩子們更懂撒嬌

訓練小獵兔犬的注意事項

‧基本而言，小獵兔犬容易與人親近，是很聰明的犬。由此意義來看，可說是能夠輕鬆訓練的犬種。但是，即使是頭腦聰明的犬，也必須耐心地教導牠分辨事物的善惡。

‧現在有經過改艮成為家庭犬的犬種，不過，原本是在山野奔馳的犬，因此，熱衷於散步與運動。如果養在室內，則仍然要充分給予散步的時間。不散步的話，會造成壓力積存，導致隨便吠叫。

‧最好於外出散步時讓牠排泄。散步的時間，以上午較早的時間和晚上較好。

‧在食物方面，身體雖小，卻有極大的食量。選擇含有豐富動物性蛋白質的高熱量、高蛋白的狗食即可。幼犬時代，要給予充滿營養的食物。成為成犬以後，如果過胖，就要減少食量，增加運動量。大致標準是食量減少十％，運動量增加十％。

‧在自然環境嚴酷的夏、冬季，也要避免使用冷氣、暖氣。

一樣，喜歡撒嬌，這的確是一大魅力。目前，國內的小獵兔犬多屬小型種，為了保持犬種的健全性，我認為不應該拘泥在十三吋（約三十三公分）的大小問題，而應儘量地予以繁殖。」

淺野先生所繁殖的小獵兔犬，也都在展覽會中榮獲佳績。

「從經濟面來考量，擔任馴獸師比擔任育種專家更有效率。但是，以長遠的眼光來看，育種繁殖有助於馴獸師的工作。藉著育種繁殖，能夠發現犬的優缺點。在想要繁殖出參加狗展的狗時，可於短期間內就引出犬最大的優點。這時，就能夠運用繁殖育種的經驗了。」

目前，淺野先生的狗屋順利地發展，獨立開業已有十年。淺野先生培育出無數優艮的犬，或者也可以說是這些犬培育了淺野先生。

「要問我將來的夢想嗎？這個嘛，我有好多的夢

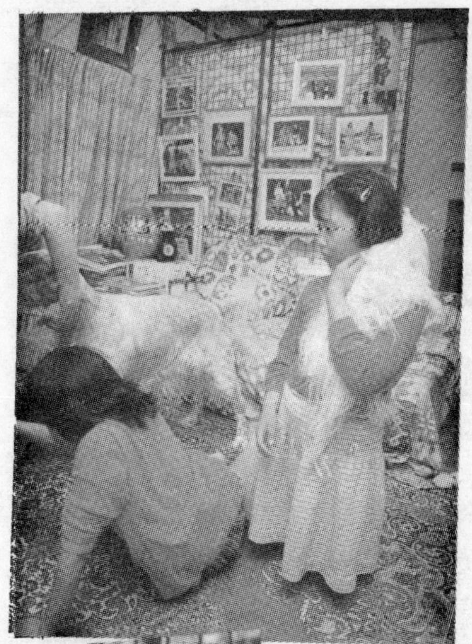

大部分的小獵兎犬母犬都參加狗展。得到優秀的成績。

淺野先生的女兒們也喜歡犬。目前在室內的犬有四隻。

在廣闊的運動場上，小獵兎犬們各自悠閒地從事運動。如果是夏天，則從傍晚開始再從事運動。

想呢！到目前為止，我希望持續一生都擔任馴獸師和育種專家的工作。同時，是在毫不勉強的自然狀態下進行。」

最後，淺野先生給予希望成為馴獸師的年輕讀者如下的建議。

「雖然我自己還稱不上是這一方面的專家，但是，我認為有志成為馴獸師或育種專家者

出生後二個月大的小獵兔犬。看到人時，會搖著尾巴走過來。這也是小獵兔犬讓人喜歡的地方。

飼養於室內的約克夏㹴犬，也和小獵兔犬一樣地愛撒嬌。

，則絕對不要怠忽犬的學習。最重要的，就是要多觀察好犬，牠們是最好的活教材。以自己的眼睛去看，就能加深印象。當我還在寵物店幫忙時，曾經帶狗參加狗展，並目睹無數的名犬。對我而言，這些都是很重要的知識。不能只依賴書籍的知識，畢竟犬是生物，隨時隨地都可能產生變化。因此，光是借助書上的知識，有時效果不彰。我經常在思索，對犬而言，什麼才是最好的？這種站在犬的立場為犬著想的態度，十分的重要。」

犬　種　指　南

小獵兎犬
Beagle

原產國在英國，但其根源可追溯到古希臘時代。小獵兎犬的法文意思是「可愛」之義。身材嬌小的牠，擁有狩獵犬的功能，具有優秀的能力。除了狩獵以外，也可以成為家庭犬，深受英國人的喜愛。個性溫馴、順從，喜歡撒嬌。即使家中有小孩，也能安心地飼養。

身高　33～38cm
體重　7～12kg

家庭犬的訓練要儘早進行，推廣訓練的重要性，並充分展開啟蒙活動

騎士查爾斯西班牙犬及其他　遠藤曉博（遠藤警犬、家庭犬訓練所）

二十年來一直希望加強區域性訓練活動

二十年來訓練所周圍的住宅增加了。因此，在十年前，採隔音設備，重新建狗屋。（左上角是遠藤曉博先生）

在日本千葉縣松戶市的住宅中，有一間遠藤警犬、家庭犬訓練所。

「有很多訓練所都設在廣闊的山中，但是，如果是家庭犬，不在與犬生活的附近環境訓練，則很難訓練。如果將訓練所設在街上，飼主就容易帶犬前來接受訓練。」所長遠藤曉博這麼說。

擁有二十四年訓練師的經歷，既

充滿活力活蹦亂跳的騎士查爾斯西班牙犬，這是愛好運動的犬。

是馴狗師，也是育種專家，實績頗多。

「只要是與犬有關的事，我都想要嘗試。」遠藤先生說。現在，我們就來了解一下有關他自己的活動以及訓練愛犬的重點，還有探索一下訓練師的世界吧！

以義工的身份參加保健所的訓練教室

遠藤先生的二個哥哥皆為訓練師，因此，他很自然地就加入了這個行業。就讀於大學時，曾到犬美容學校學習，同時，也開始學習如何育種繁殖。其夫人是他在犬美容學校學習時的同學，二人於畢業三年後結婚。

之後，夫妻合力經營這間訓練所。

「大學畢業後，進入哥哥的訓練所見習，學習四年。就在二十年前，在這兒開設訓練所，直到五～六前，才開始僱用員工。以前，只是我們二人在此工作。當時，每天只睡四個小時，甚至無暇陪孩子玩，真是辛苦。」遠藤回顧曾經走過的歲月。

目前，遠藤先生的訓練所中有三隻受託訓練的警犬，另外，寄養在此的家庭犬約四十隻。此外，還有七十隻打算育種繁殖的犬，而他特別對於騎士查爾斯西班牙犬的繁殖不遺餘力。其中約有三十隻是騎士查爾斯西班牙犬。

訓練中的家庭犬，從小型的吉娃娃到大型的聖伯納犬都有。此外，還有琉球犬或青島犬等罕見的犬。

「剛開業時，只能夠處理家庭犬，使得其他只處理警犬的同業人士以怪異的眼光看我。但是，現在這些人也會詢問我一些關於訓練家庭犬的問題，讓我覺得自已當初的選擇是對的。」說出這番話的遠藤先生，除了在訓練所進行訓練，以及出差訓練之外，還投入各種活動之中。

現在於松戶市保健所每隔二個月舉辦一次「訓練教室」，他以義工的身份參加，也積極參加各種團體所舉辦的集會，對於愛犬的訓練，進行啟蒙活動。此外，也經常免費接受電話詢問。

「培養一些員工後，我總算能抽空參加這些活動了。當然這是基於二十年經驗的累積，到了最近，我才覺得自已真的能夠給別人一些好的建議了。」

有的人的電話詢問甚至長達一個小時。當我在進行採訪時，也知道他電話接個不停，禮貌地一一回答他人的詢問。

由此可知，因為愛犬訓練而感到煩惱的人士還不少呢！

讓愛犬充分了解上下關係才是訓練的重點

在家庭犬訓練的啟蒙活動中，遠藤先生特別強調的是「飼主與愛犬之間的上下關係」。「讓犬在腦海中經常保持雙方的上下關係而展現行動，否則牠就會找機會站在人類的頭上了。小時候個性溫馴的犬，到了某段時期，突然會咬人，原因在於此，因此，務必讓犬了解到人類才是主人，教導犬忍耐。這是訓練之際必要的重點。」

在接受協談進行指導時，很多飼主會認為這樣一來，犬不是很可憐嗎？然而，付出情愛養育犬與過度溺愛是不同的，要徹底地讓犬明白上下關係。

此外，在訓練所進行的方式，並非責罵，而是採「稱讚教導」這種美國式的訓練。

「例如，隨地便溺時，如果加以責罵，犬就會認為排泄是不對的事情，而偷偷地躲起來排泄，雖說採不責罵、耐心教導的方式是費時、費力的做法，但是還是較為理想的。」

遠藤先生還說，在訓練以前，「如果不從適合自己居住環境的犬的飼養開始進行的話，則一定會產生弊端。儘量以此為出發點，這是我的建議。」

珍貴的琉球犬，被指定為天然紀念物，個性溫馴。

走近一看，商品陳列，充滿開朗氣氛，與其說是訓練所，還不如說是狗學校較為合適。

累積實地經驗，才能夠成為好的訓練師

現在，就讓遠滕先生來告訴我們如何才能成為一名好的訓練師？

以往，多數人會到訓練所去見習，而目前也有專門的培養學校。例如設在日本埼玉縣的日本訓練師養成學校（二年制），每年畢業人士超過二十人。

「雖然能夠在學校學到訓練的技術，然如果要獨立開業的話，則要進入訓練所。例如與批發店之間的關係，或與店老板之間的做法等。也要學習營業面的交際，否則無法開業。」遠藤先生說道。

「要成為好的訓練師，通常要累積五年的經驗。」

訓練家庭犬的注意事項

- 重點在於讓犬了解到人類與犬的上下關係、主從關係，即使外出散步時，飼主也一定要比犬先走。
- 一旦建立與飼主之間的關係後，就不易改變了，因此，在出生後三個月到一年內，要認真地進行基本訓練。
- 訓練不同於「叱責」。要付出情愛來教導，與犬心意互通，才能夠奏效。
- 如果在中途放棄，會讓犬以為「不做也無妨」。故要耐心地教導。
- 便溺的訓練，其成功的秘訣在於不使犬失敗，來到家中首次的便溺，是訓練的決定關鍵。
- 飼主親自訓練是最理想的。但是，如果不具信心，或時間不許可，則可以借助於訓練所。然而，回家後不得過度溺愛，否則將會失去訓練的意義了。多與訓練師接觸，也是飼主學習的好機會。
- 有時也可以到飼主家去訓練犬，進行出差訓練。以遠藤警犬、家庭訓練所為例，是以如下的形式來進行。
- 訓練期間：一週進行二次，約持續一年。
- 一次訓練所需的時間：三十分～四十分鐘
- 費用：依犬種的不同而不同。

目前，遠藤的訓練所有三名年輕工作者，這兒是一個非常嚴格的「工作場所」。

「每天早晨五點起床照顧犬，輪流休息。」

但是，除了工作辛苦之外，在生活上，照顧犬的職員，就如同是遠藤的家人一般，雙方感情親密。

去年，遠藤先生獨立開創將模範犬租給CM攝影等行業的做法，稱為「DOG office ENDO」。

此外，他也計畫在訓練所附近開設寵物店。

「只要是與犬有關的事情，我都想要嘗試。盡可能擁有一個場所，讓他人覺得『只要去那裡，就能夠了解一切與犬有關的事情』，關於幼犬的買賣、繁殖、犬美容訓練、餌食或貨物的販賣等，在這個場所中，都能夠完全解決，這是最為理想的，而在訓練所方面，也希望能夠與從我這兒獨立出來的職員之訓練所建立連鎖化企業……。總之，我擁有很多的夢想，甚至還想出一本類似字典的犬書籍呢！」

遠藤先生的夢想不斷地擴大。

犬種指南

騎士查爾斯西班牙犬

Cavalier King Charles Spaniel

屬於玩賞犬的小型犬，原產國為英國。由於查爾斯西班牙犬逐漸小型化、短吻化，因此，有些愛狗人士認為應該要恢復其原有的形態，結果，在十九世紀初期誕生了這種犬種。絲線狀略微鬈曲的被毛為其特徵，耳朵擁有長長的飾毛。富於行動性與友好性。

身高　30cm前後
體重　5.5～8kg

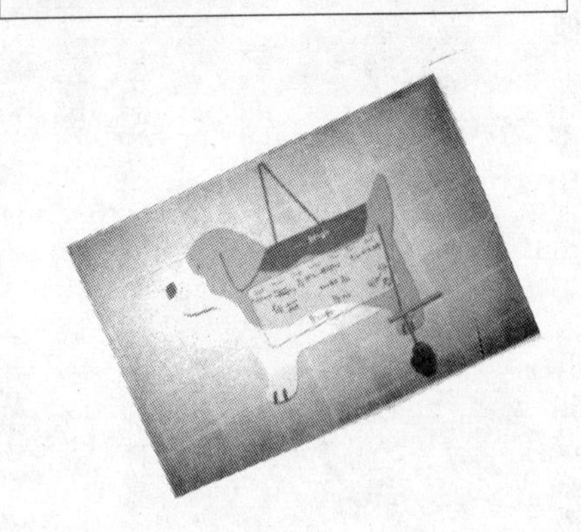

我家的愛犬
可愛焦點

看到狗狗們可愛的姿態，不經意地就會拍照留下可愛的焦點。不論是可愛的姿勢或可笑的姿勢，各種天真爛漫的表現，都希望能夠與他人分享……。飼主在與愛犬接觸的生活中，把握良機，按下快門，拍攝狗狗的可愛焦點！

里巴提

臘腸狗♂　　　　　　　　　**木本高伸（東京都杉並區）**

里巴提自幼就好吃，特技是翻冰箱，能吃三個炸肉餅，也吃生豬肉，但並沒有出現下痢，因為強韌的腹部而沾沾自喜呢！若不注意，會造成肥胖，目前正在努力減肥中。

日本絲毛犬♂　澤田仁（愛知縣碧南市）

主人見牠色白而取這個名字。目前，希爾基進入訓練所，努力學習。希望能夠早點成為乖孩子凱旋而歸呢！母親看到牠的錄影帶、照片時，不停地說：「真是可愛呀！」

聖伯納犬♂　加藤さやか（福島縣いわき市）

我們家的凱文，是二個月大的男孩，因為還是嬰兒，所以喜歡亂咬東西，不過，吃飯時，知道要「等等」。來到家中第十天左右，就會在廁所中便溺，真是棒極了！

西藏㹴犬♀　　　　　　大方よう子（千葉縣松戶市）

書上所介紹的西藏㹴犬多半為黑色，但也有白色與金黃色的，個性開朗活潑，很少掉毛，看起來有如塡充玩具似的。散步時，很多人都誤以為牠是變種的馬爾濟斯犬呢！

威爾斯㹴犬♀　　藤原千里（愛知縣海部郡）

以前在美容院修毛時，被剪成像羊一樣，使牠心靈深受傷害（因為大家都笑牠……）。之後，雖然我們的技術並不高明，但依然由家人親自操刀。

黃金獵犬♀　　　　　　　　增田達哉（靜岡縣沼津市）

才二個月大的波比，就會遵守「坐下」的命令了。但是，便溺的問題仍然有待商榷……。有人覺得牠很像玩具，因而為牠取名為「波比」。雖然今後的訓練很辛苦，但是也會努力加油。

西伯利亞雪橇犬♀＆雜種犬♂　伊藤悅子（栃木縣宇都宮市）

我家的西伯利亞雪橇犬奧斯卡（四歲）與雜種犬方格（九歲）可是好朋友呢！今年第一次下雪時，在活潑的奧斯卡的帶領下，方格也朝氣蓬勃地於雪中嬉戲。希望牠們永遠都是好朋友。

西施犬♀　　　　　　　　中田陽子（京都府宇治市）

阿蘭於七夕那一天出生，是我們家的老么。雖然排行老么，卻擁有最高的權利與最大的場所，喜歡被注意。也在意鏡頭對準著自己，是可愛的女孩。今天特別用紅色的髮飾打扮給各位瞧一瞧。

博美犬♀　　　　谷內志乃（高知縣高知市）

大家好，這我家的愛犬安潔利（一歲）。和牠一起拍照的是塡充玩具龍貓。這是牠的寶貝，牠會一邊吸龍貓的手，一邊睡覺，真是可愛。

喜樂蒂♂♂♀　　　　野中麻里子（熊本縣熊本市）

原以爲我們的狗狗會乖乖地面對鏡頭，沒想到卻啪地跳出來了。拍到了難得一見的照片，還像洋娃娃似的狗狗們，相信長大後也一定會很可愛吧！

秋田犬♂　　　　下瀨川美由紀（岩手縣北上市）

我的名字叫做健太，很喜歡玩球，不過，最喜歡的運動還是散步。巨大的體型，令人畏懼，但是我有一顆善良而溫柔的心，請多多指教。

利克

班遜犬♂　佐藤優子（東京都豐島區）

我是利克，很愛撒嬌，不甘寂寞，今年一歲九個月大。今天洗了個澡，感覺真清爽，因此請主人為我拍照，蓬鬆美麗的白色被毛不是蓋的吧！

雜種犬♀　諸星惠（長崎縣長崎市）

我家的貝斯喜歡登高望遠，經常跳到圍牆或長椅上。叫聲如貓，但是牠並不以為意，經常追逐附近的貓。

吉娃娃　　　　　　秋元千兄（群馬縣巴樂郡）

出生後70天，體重800g時來到我家，成為養女的里歐，目前已快要二歲了，體重1.8kg。妹妹娜提是黃金獵犬，二隻狗每天熱鬧著生活在一起，牠就是里歐。

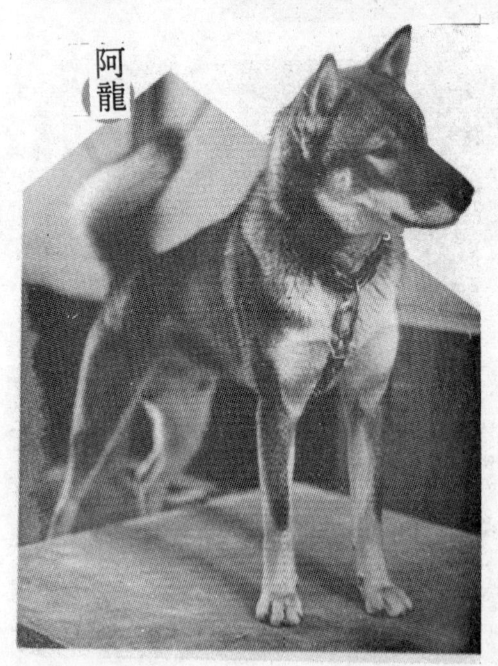

四國犬♂　　　　野口茂（大分縣大分市）

各位好，牠是我們家的阿龍，二歲大的四國犬，擁有黑芝麻般的毛色，最愛玩球，尤其是足球，更是牠的最愛。經常到山邊、河邊散步，一天到晚活蹦亂跳。

第四章

狗展指南

（特別報導）

會場上的審查情況

在日本，全國各地每週都會舉辦狗展。

但是有關狗展的問題，有很多人不了解

在此為這些讀者解答各種疑問。

會場的正門入口也多彩多姿，氣氛熱鬧非凡

一九九四年FCI亞洲國際狗展

在日本所舉辦的諸多狗展中，以JKC本部展的規模最大。包括FCI（亞洲國際狗展）在內的這個狗展，號稱亞洲最具規模的世界性狗展。

今年的狗展舞台是東京晴海的國貿中心。在四月二日、三日二天的時間內，共有三九八六隻狗參展，擁有四萬多名的觀衆。

會場上愛狗人士群聚一堂，加油聲四起。場外到處可見賣犬商店的攤販，景象十分熱鬧。

掀起熱戰的犬種數達一百種以上，不亞於歐美的大型狗展，富於變化。其中西伯利亞雪橇犬有四三三隻，黃金獵犬為三五九隻，博美狗一六九隻，西施犬一三二隻，德國牧羊犬二四隻，受人歡迎的犬種，參展數也較多。

這次，皇族的常陸宮華子女士及比利時大使都應邀參觀

在會場中等待審查的出場者與愛犬

，盛況空前。

本屆狗展的冠軍犬是母的美國克卡長耳獵犬，選出的國王是巴狗。在第二天的黃昏，持續二天的熱戰，也隨著觀衆的歡呼聲而畫下休止符。

參展之前，認真地整理狗毛

這些都是與犬有關的商品

從主要會場的觀衆席間傳來熱烈的加油聲

來自各國的審查員觸審的觀景

1 狗展犬種FCI 10組

94年4月開始的JKC展覽會犬種組，採用FCI（國際犬聯盟）的分類法，由以前的8組增加為10組。狗展的分組方式也依此方法來進行。

第一組

喜樂蒂與加特爾犬（除了瑞士加特爾犬之外）

喜樂蒂

喜樂蒂的祖先是牧羊犬，從事誘導羊群的工作。加特爾犬則負責監視牛群，或將牛群從飼養地趕到城鎮。從祖先那兒承襲倔強的個性及頑強的體格。

第二組

迷你品、舒奈滋、摩洛西安型與瑞士加特爾犬

庇里牛斯山犬

迷你品或舒奈滋具有類似㹴犬的行動力，是原產於德國的犬種。在馬廄負責捉老鼠和守衛家畜，十分活躍。摩洛西安型則是承襲古代巴比倫帝國軍犬的血脈。

第三組

㹴犬

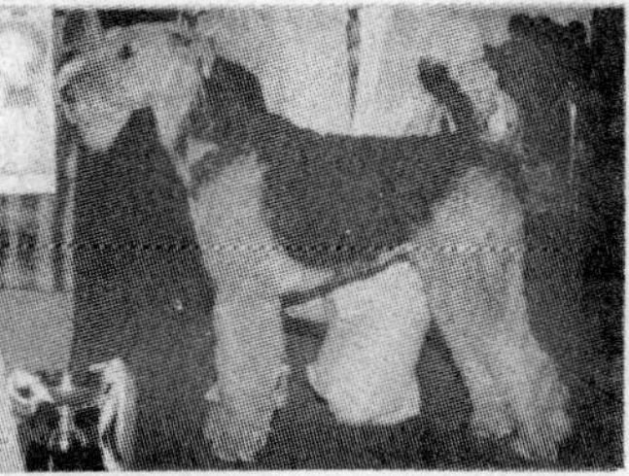

愛爾蘭硬毛㹴

追趕狐或貛等小型害獸直到土中的巢穴為止。祖先是驍勇善戰的獵犬，是原產於英國的犬種。體型多半較小，具有室內犬可愛的外型，但也從祖先那兒承襲激烈的個性。

第四組

臘腸狗

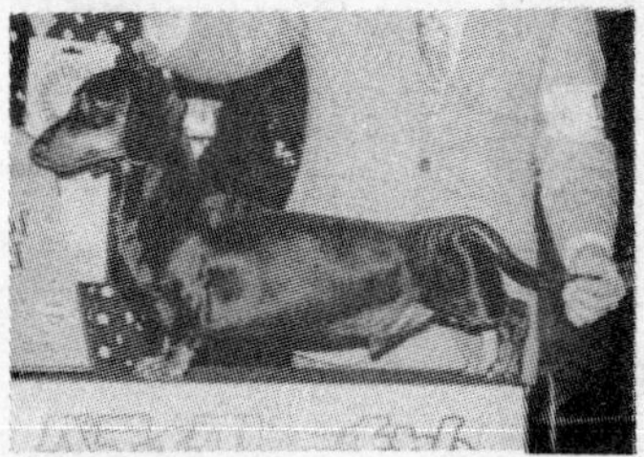

臘腸狗

臘腸狗原意為獵貛犬，不斷改良的短腿，適合鑽入貛的巢穴中。若加以細分的話，則更小型化的犬種分為6種。

第五組

絲毛犬與原始型

阿拉斯加雪橇犬

以德文來解釋，絲毛犬是「尖」的意思，意味著牠有尖尖的嘴、立耳與捲尾。未經改良而維持原始的體型和體質，極富魅力。日本原產犬多屬此類。

第六組

獵

小獵兔犬

是在獵獸犬之中富於敏銳嗅覺的一組。鼻子會靠地聞獵物的足跡或血腥味，固執地追趕，毫不氣餒。其中，以血的嗅覺最為敏銳。

第七組

嚮導獵犬

威瑪犬

不同於獵獸犬的嚮導獵犬，乃是獵鳥犬。主要任務是將鳥的蹤跡報告獵人。會抬起前腳做出指示，或者像塞特犬一樣，蹲下告知獵物所在地。

第八組

獵犬、趕鳥犬、諳水性犬

拉布拉多獵犬

會於狩獵時發揮重要的作用。追趕躲起來的鳥，使其飛起的是趕鳥犬。找尋擊落的獵物，予以收回的則是獵犬。專門獵鴨等水鳥的，乃是諳水性犬。

第九組

陪伴犬、玩賞犬

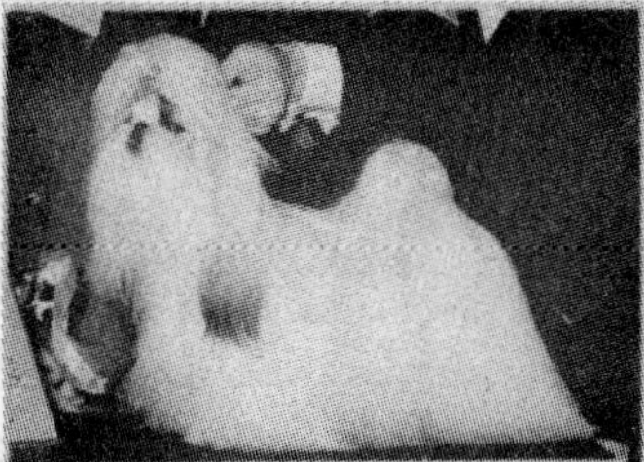

西施犬

其祖先可能是獵犬或作業犬。體型嬌小，姿態可愛，成為人類的寵物，長時期以來為人類所喜愛，是極受人類歡迎的玩賞犬。

第十組

瞄準獵犬

阿富汗獵犬

是利用敏銳的視覺與敏捷的速度追捕獵物的狩獵犬。體型修長，奔馳如風，擁有濃厚，典雅的神秘古代獵犬的色彩。

2 狗展中採用錦標賽的審查方式

BIS的審查是以錦標賽的方式進行，如左表所示，宜通過數項嚴格的考驗。

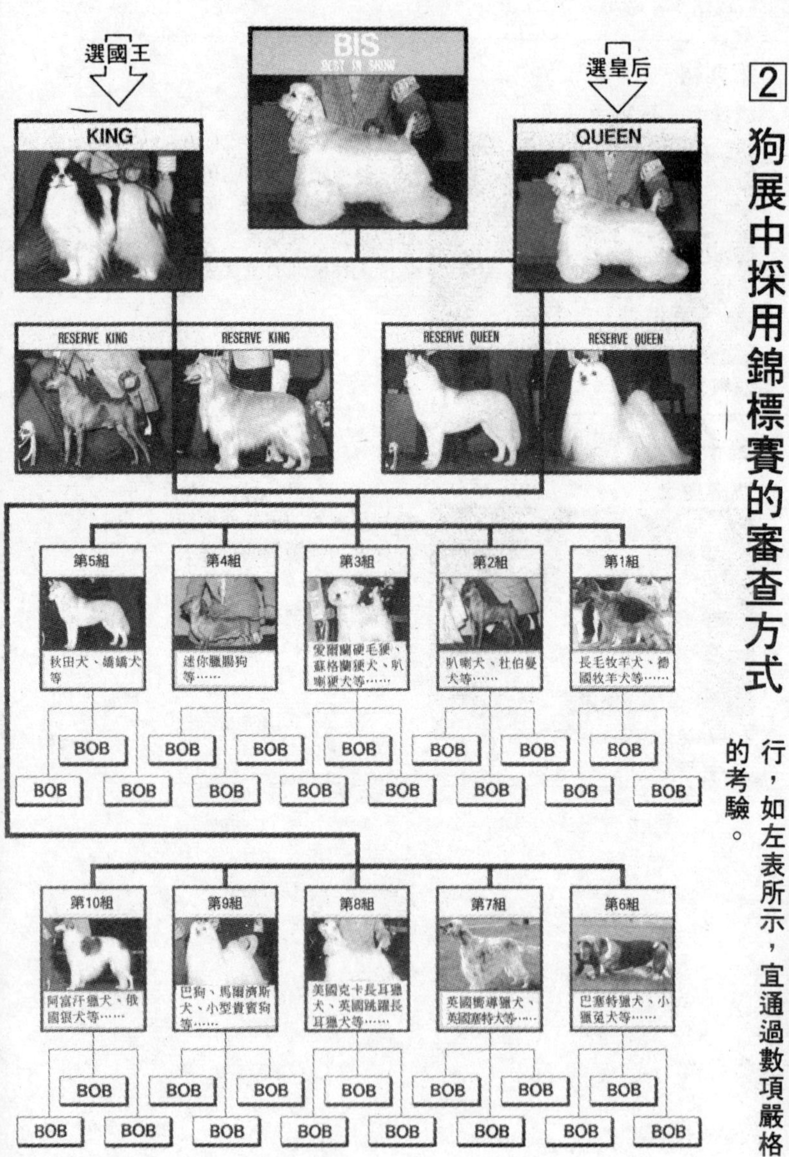

3 BIS的產生

各組以錦標賽的方式進行審查，最後選出一隻BIS。

個體審查

保持正確、自然的形態站立，從一定的距離加以觀察，然後進行觸審，包括骨骼、體型、肌肉、毛的排列、牙齒的咬合等。

步行審查

觀察步行方式（犬種特有的方式），同時，審查性格與健全度。牽引者是有重大的作用。

BOB

Best of Breed

在同樣的純種犬中，以比較BOB(Best of Breed）的方式，各自選出一隻公犬與母犬。

BIG

Best in Group

屬於同一組的犬，以BIG（Best in Group）的方式，各自選出一隻公犬與母犬。

KING QUEEN

從全部十組的BIG中，各自選出一隻公犬（KING）與母犬（QUEEN。）

BIS

(Best in Show)

對分組賽中榮獲優勝的國王與皇后進行最後的審查，決定出當日狗展的第一名BIS(Best inShow）。

4 狗展審查的六項重點

基於各種不同犬種的理想標準，由六項重點進行檢查。

1 形態	審查是否具有各種不同純血統犬種的特色。檢查是否具有該犬種應有的體型、性格或基本特質。
2 性格	除了器官機能等肉體面，也要確認精神面的健康。不可過於膽小或攻擊性過強。此外，也要確認骨骼、肌肉與牙齒咬合狀態是否良好。
3 品質	重點在於血統純正犬種的特色是否洗練、充實，審查是否能夠發揮特質的魅力。
4 平衡	即使一部分優秀，但也要注重整體的調和。各部的重點不能損害整體感。不僅是肉體面，也要重視性格與行動面的調和。
5 體調	與運動選手相同，犬參展當日的健康狀態、精神狀態，會嚴重地影響成績。因此，要同於普通的訓練，也要充分注意當日的體調。
6 特質	在與其他諸多犬聚集的會場中，昂首闊步也能成為衆人矚目的焦點，擁有良好的禮儀，在狗展中也是重點，訓練師與犬一同發揮魅力，是很重要的。

狗展的歷史

狗展的起源是十八世紀英國一些
以愛犬為傲的人士

狗展的起源，是十八世後半英國擁有獵犬的飼主們，競相比較自己所繁殖的愛犬與其他愛犬的優劣，而展開的集會。直到一八五九年才出現組織化的集會。當時，在英國新卡斯爾所舉辦的狗展，乃是世界上最早的狗展。

確立英國狗展傳統的，是以卡拉夫特展著稱的查爾斯卡拉夫特。他因為舉辦狗展而致富。其後，由於鐵路等交通網路的發達，從區域性的狗展擴大為全國性的狗展。但因為規則欠完善，因而弊端叢生。

所以，包括狗展的管理與法律的規定在內，以製作規則為目的。在一八七三年創立了英國肯尼爾社。在此社團的管理下，狗展依規則來進行，舉辦具有全國規模的狗展。

目前，狗展犬種基準的建立，深受英國卡拉夫特展、美國威斯特明斯塔展的影響。

日本的狗展歷史，則是在明治後期，一些愛狗人士舉辦園遊會等，將愛犬帶來互相較勁而開始的。

一九一三年，由東京畜犬協會舉辦狗展，頒贈獎品、獎狀給優秀的犬。也可以說，狗展是由愛犬人士共同努力推廣發展出來的。

特別報導

成為殘障者手腳的陪伴犬

有很多犬會成為殘障者的手腳，與人類一同生活。這種陪伴犬積極的生活態度，也有助於殘障者的自立。

多加推廣導盲犬這一類的陪伴犬

三十四歲的千葉小姐，以訓練陪伴殘障者而成為殘障者四肢的「陪伴犬」為目的，成立了「培育陪伴犬會」。千葉小姐的夢想，是希望讓陪伴犬好像導盲犬那般地普及，幫助更多的殘障者。從四年前開始，她就一直朝此理想邁進。

出生後九個月時因為罹患脊髓性小兒痲痺，後來就由父母一直照顧的千葉小姐，在三十歲時遭喪父之痛。在這個事件之後，使她開始決定走向自立之路。

後來，當千葉小姐知道有照顧殘障者團體之後，不顧母親的反對，隻身前往。這個時候開始，如廁要花一小時，吃飯要花二小時，沐浴要花三小時，過著難以想像的生活。

原本就喜歡動物的千葉小姐，習慣這兒的生活後，就開始養貓。沒有他人照顧就幾乎難以生存的她，不知道自己是否真的有餘力去照顧動物，然而，被她取名為「公主」的貓，卻給她新的希望。

殘障者往往要受人照顧，想要幫助他人，幾乎是心有餘而力不足，為此，她感到焦慮不安。但是，雖然行動不自由，然而多花點時間，運用智慧，也依然能夠飼養動物，雙方建立互相信賴的關係。

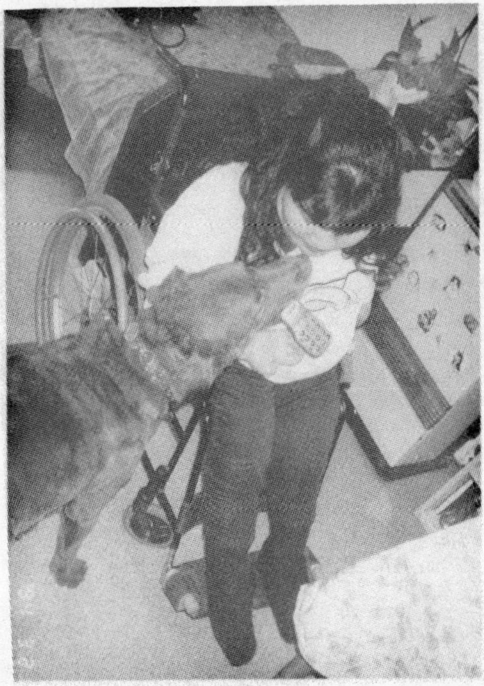

「有電話哦！」布魯斯將話筒交給千葉小姐

使人萌生決意與熱情的「培育陪伴犬會」

與「公主」的生活，使千葉小姐深深感受到動物的美好。某日，她從電視上看到美國幫助犬訓練所的介紹。看到那些成為殘障者手腳而辛勤工作的犬。以及因為有犬的陪伴而展露笑容，對於人生抱持積極態度的殘障者，她感動不已。

「我也應該和這些幫助犬一

起生活，希望國內也有這種幫助犬，如此就能夠為一些殘障朋友開闢一條自立之路。」

接下來的幾天，千葉小姐反覆想像節目中的內容，一旦確認自己的心意已決之後，就與電視台的人員連絡，熱心地訴說自己的決心。

於是，一九九〇年九月，終於誕生了「培育陪伴犬會」。到美國視察，後來，又陪同訓練師一起到美國，帶回在美國訓練所接受訓練的布魯斯（公的獵犬），這是一九九二年春天的事情，成員逐漸地增加了，會員也與日俱增。這個培育陪伴犬會，就在千葉小姐這個富於自立心的女性的決心和熱情下誕生了。

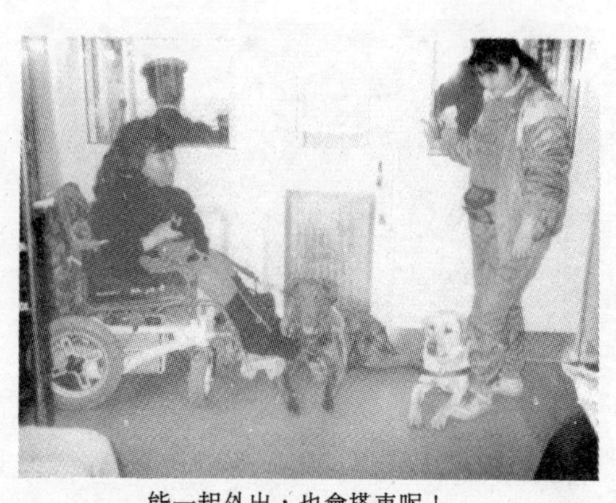

能一起外出，也會搭車呢！

「殘障者如果得不到幫助，就無法生活。但是，像上廁所或更衣等，這些普通的工作要請他人代勞，也是挺辛苦的事情。不過，如果有了陪伴犬，就能夠過正常人的生活，隨時可以得到幫助。對於殘障者的自立而言，也是很重要的。為了達到這個目的，希望有更多的殘障者知道陪伴犬的存在。」千葉小姐這麼說。

第五章

愛犬的健康管理

（特別企劃）

保護愛犬避免生病的衛生管理預防

開朗健康的心來自健康的身體。

故要保護愛犬避免罹患疾病。

在此介紹每天生活中能夠進行的照顧

以及疾病、傷害等的預防與對策方法……

為各位介紹愛犬的健康管理！

不僅是美容，毛的整理也是重要的健康管理

照顧犬是一件大事，不僅是外觀之美，同時也要保持清潔。以防疾病的感染。另外，藉由觸摸，能互相溝通，有助於檢查犬的健康狀態。

刷毛的方法

照顧始於刷毛……

刷毛或沐浴等作業，十分重要。這之中，不論是任何犬種的照顧，都是始於刷毛。

刷毛不僅能夠保持皮膚或被毛的健康、美麗，同時，藉由觸摸身體，能夠觀察犬的健康狀態。這種肌膚接觸，也具有各種的意義。從幼犬時代開始，就要每日刷毛。只要技巧高明，犬也會欣然地接受。

幼犬時代的刷毛，利用刷子的一角輕輕摩擦，再漸漸地使用整個刷子，讓愛犬習慣刷毛。

如果是短毛種，則使用獸毛刷，長毛種則最好使用針刷。

順著毛的生長方向如撫摸般的刷毛

刷毛順序如圖所示，首先，採刷子與皮膚呈直角相交的姿勢，順著毛生長的方向，好像慢慢撫摸毛前端似地刷毛。整個毛尖梳齊之後，再刷到毛根為止。

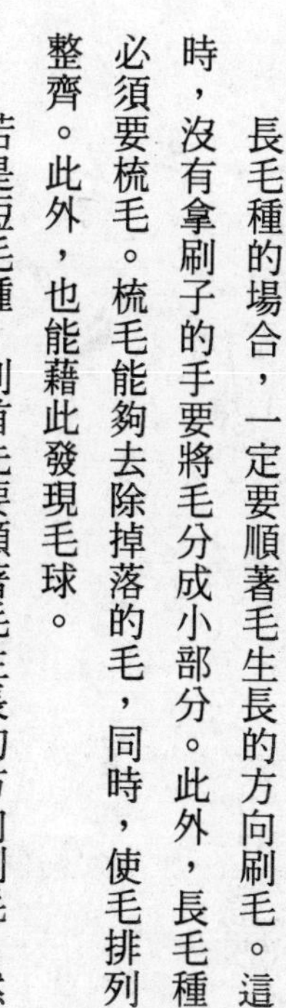

長毛種的場合，一定要順著毛生長的方向刷毛。這時，沒有拿刷子的手要將毛分成小部分。此外，長毛種必須要梳毛。梳毛能夠去除掉落的毛，同時，使毛排列整齊。此外，也能藉此發現毛球。

若是短毛種，則首先要順著毛生長的方向刷毛。然後，逆向刷毛，才能夠使得污垢或皮屑上浮。其次，再順著毛生長的方向刷毛，去除污垢。

發現毛球或打結時，則先用手仔細將毛分開，然後再刷毛。不可勉強刷毛，否則會使犬感覺疼痛，從此視刷毛為畏途。

若毛已經打結到必須要剪除的程度時，為了避免失手剪到愛犬的皮膚，因此，要將打結的毛夾於手指間，手指按住皮膚，於指上剪毛。

處理毛的必要工具

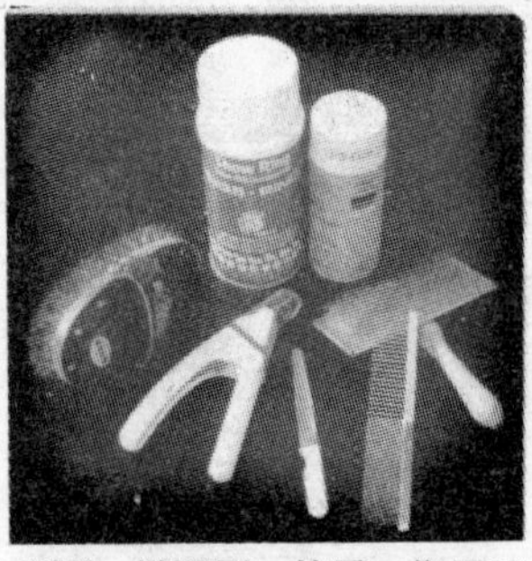

刮刷、橢圓刷、梳子、指甲刀、銼刀、乾洗沐浴劑等

短毛種使用獸毛刷，長毛種使用針刷，要分開使用。

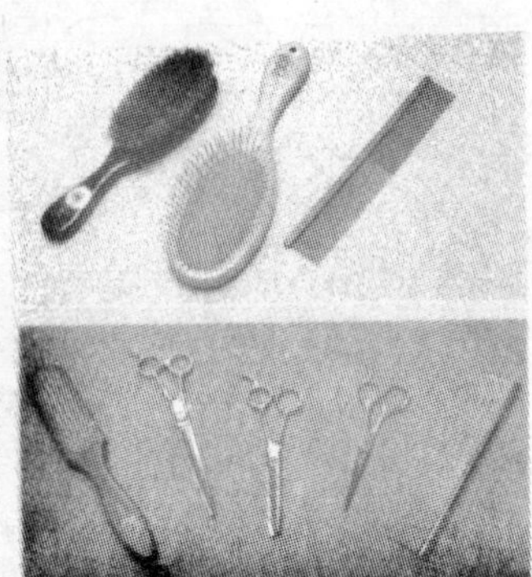

勿只用梳子或刷子，也可以使用各種整理毛的剪刀，事先備妥，以便利用。

難以處理的部位

耳後、頸部周圍、腋下、胸部、股內側，後腳後側上方、腳趾中間等，都是不易處理的部位，也是容易形成毛球的部位，宜仔細處理。

短毛種的刷毛法

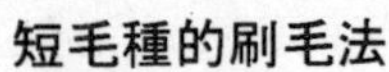

長毛種的刷毛法

刷毛的方法

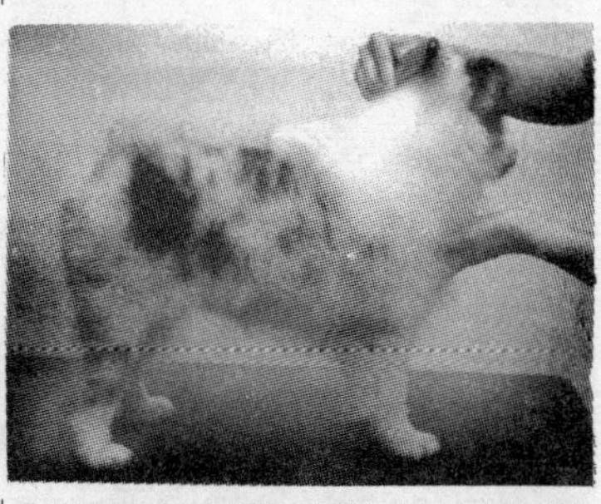

①從頭部朝身體下方刷毛。用拇指與食指、中指輕輕拿著刷子，剩餘的手指輕輕靠攏。

②首先順著毛生長的方向刷毛，其次，好像要使毛豎立一般，朝反方向刷，藉此能使得掉落的毛、污垢、皮屑等上浮。

③再次沿著毛生長的方向刷毛，去除污垢，整理毛。刷毛能夠刺激皮膚，促進新陳代謝。

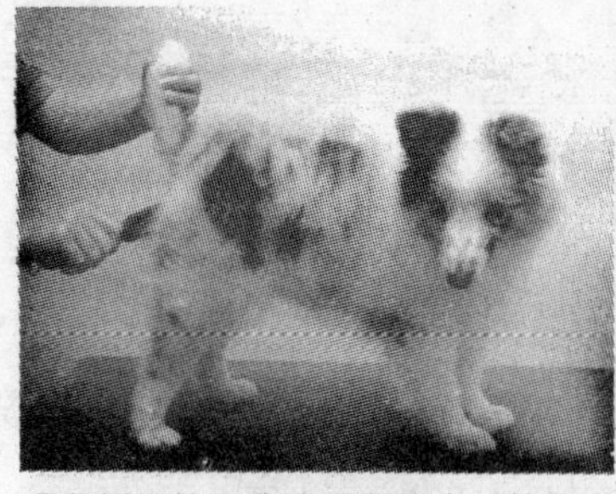

④將尾巴抬到背或腰部後方，梳理大腿部的毛。要仔細梳開腋下、胸部、大腿內側易結毛球的部分。

⑤頸部或胸前等部分，則必須抓住口吻，略微上抬來梳理。難以梳理的部分容易出現毛球，要不厭其煩地仔細梳理。

⑥用手分開毛球或打結的毛後，仔細地刷毛，附著在刷子上的污垢或掉落的毛，在使用前要先除去，這是重點所在。

沐浴的方法

淋浴時從腳開始慢慢打濕毛

屋外犬只要好好地刷毛，則一年只要沐浴二～三次即可。但是如果汚穢惡臭，就要馬上沐浴。室內犬的情況，多半是一個月沐浴一～二次。過度沐浴，有損於皮膚與被毛。同時，對於老犬或病犬而言，會造成身體的負擔，故要與獸醫商量後，再決定是否要沐浴。

沐浴前要仔細刷毛，去除毛球或斷裂的毛，水溫為三十七～三十八度，事先以眼部軟膏點眼，耳朵塞住脫脂綿。

如果突然用蓮蓬頭對愛犬澆水，犬會受到驚嚇，最好將裝有水的水盆置於旁邊，慢慢地，從腳開始打濕犬毛。這時，一邊用蓮蓬頭沖洗，一邊夾住肛門的兩腋，擠出肛門分泌物。

打濕全身後，用水調溶的沐浴劑從後往前塗抹於愛犬的身上，依序清洗頸、背、胸、尾、四肢等部位，宜仔細清洗容易沾汚的腳趾間、尾巴、臀部四周。如果尾毛較多，則要仔細揉搓清洗。

最後再洗臉與耳朵，好像拍打似地，用沾有沐浴劑的布擦拭。為避免沐浴劑入眼，故要利用指腹來進行，尤其是長毛犬的毛，則好像用手指捏住毛一般地清洗。此外，沖洗掉被眼

沐浴的方法

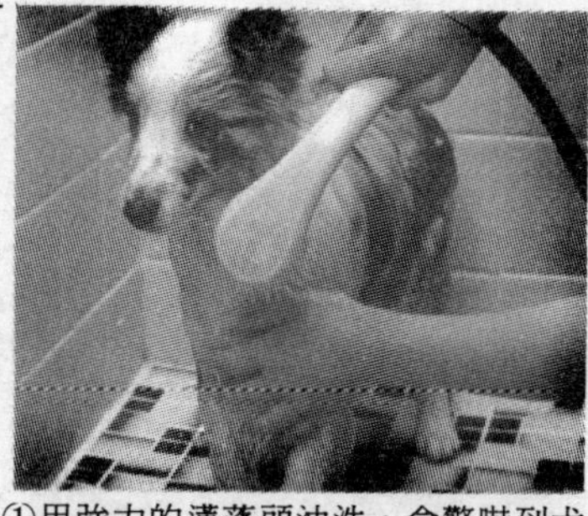

①用強力的蓮蓬頭冲洗，會驚嚇到犬，最好從腳開始，使用37～38度的溫水慢慢打濕全身的被毛。

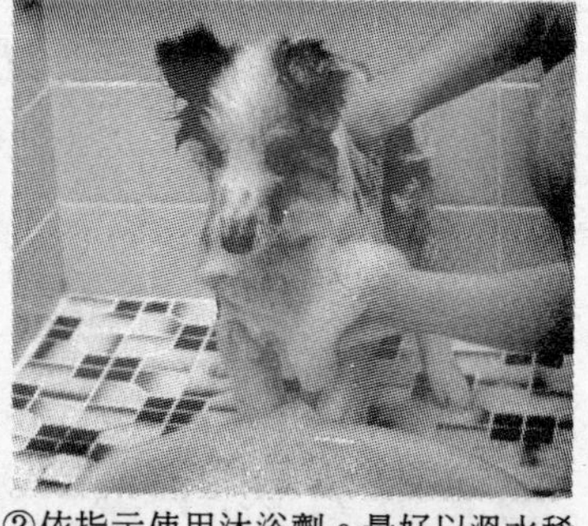

②依指示使用沐浴劑。最好以溫水稀釋後再使用。勿直接撒沐浴劑，最好以海綿等沾濕後再擦於身上。

③全身打濕後，由後往前清洗。好像用指尖按摩皮膚似的，依序清洗頸、背、尾與四肢。

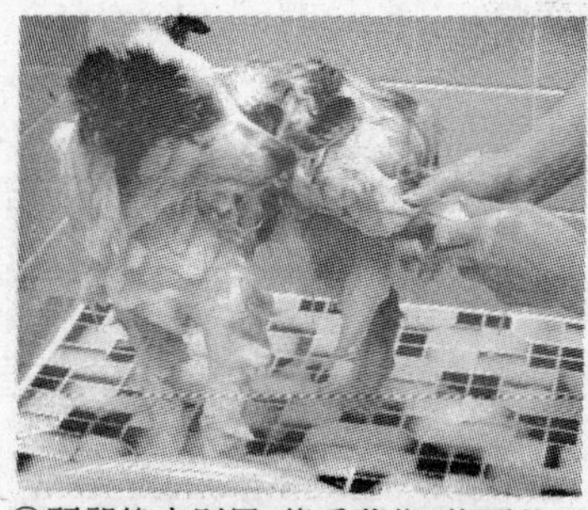

④頭部後方則用1隻手蓋住2隻耳朵，或由外側各蓋住單耳來清洗。最後再清洗臉與耳朵。避免沐浴劑入眼

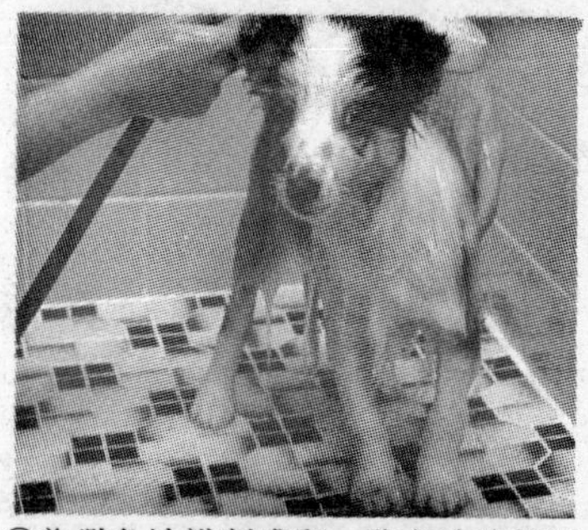

⑤為避免沐浴劑殘留，務必沖洗乾淨。硬毛種不需要潤絲，但毛較柔軟的長毛種，最好要潤絲。

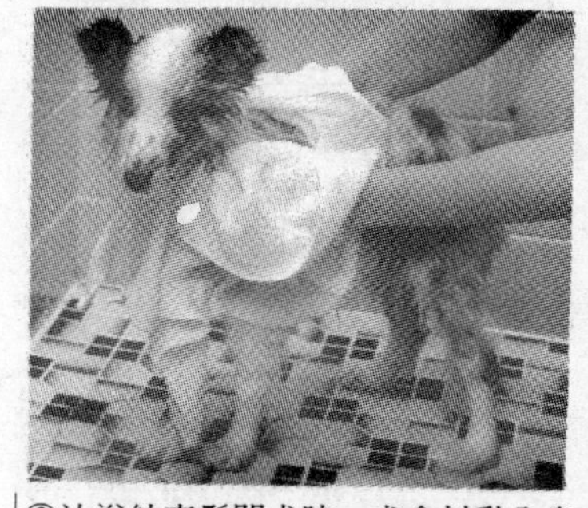

⑥沐浴結束鬆開犬時，犬會抖動全身，揮開水份，待水份抖掉之後，再用浴巾仔細擦拭全身。

吹風機的使用法

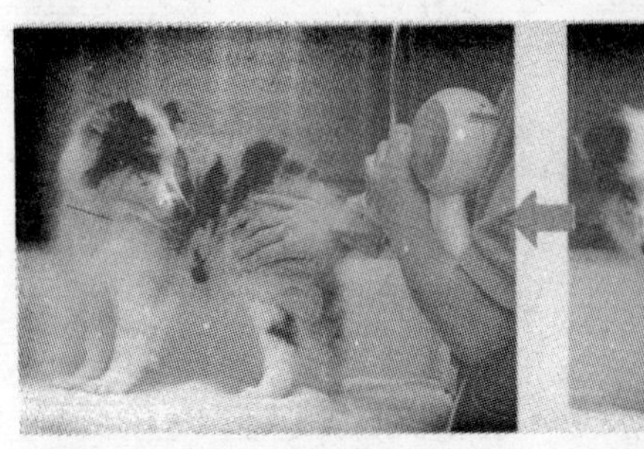

像狸犬等要使毛與皮膚緊密結合的犬種，則以浴巾包住身體，隔著浴巾使用吹風機來進行較好。

吹風機的風要順著毛生長的方向來吹。逆風是造成毛打結的原因。由毛尖依序朝毛根部吹，完全吹乾底肌與全身。

淚或眼屎沾濕的毛上之沐浴劑後，還要再搓揉清洗二～三次。如果依然沾有眼屎，就要用擰乾的毛巾擦拭，這時，用左手臂抱住愛犬的脖子來清洗，才不致使犬受到驚嚇。

洗完之後，要沖洗乾淨。如果仍然殘留污垢，則還要再洗一次。長毛犬的毛為求柔軟，可使用潤絲精。

吹風機的溫風不宜對著臉吹

長毛犬沐浴後，要用手擰乾毛上的水，再用浴巾輕壓除去水份。繼而邊用刷子梳開毛，邊使用吹風機吹到皮毛全乾為止。

為不致犬受驚，一開始不要拿著吹風機直對著臉吹，宜事先按下開關，使犬習慣吹風機的聲音與溫風。距離二十公分以上來進行，只要輕輕擺動，就不會燙毛。注意溫風不可直接對著臉吹。

調理毛的方法

修剪時勿傷及犬身

為保持犬的健康，必要的毛的調理法，就稱為清潔修剪法，例如腳底、四肢、耳、肛門、生殖器四周，都需要仔細修剪。

修剪時，切勿傷害犬身。尤其在修剪生殖器周邊的毛時，最好有助手在旁固定犬身，以免愛犬因亂動而受傷。

另外，在修剪足底的毛時，剪刀要與毛垂直。除此之外，不可採用垂直的方式。如果要修剪身體等其他部位，則要順著毛生長的方向來使用剪刀。邊用梳子梳理、邊修剪，就能夠修剪出整齊的毛來。

整理毛時以讓犬安心為要

像調理毛或刷毛等整理毛的行為，最好是愛犬與飼主都能夠在最輕鬆的情況下進行。尤其是處理長毛種時，更是要以讓牠安心為要，避免牠逃脫。

最安全的方法，就是利用調理毛桌。使用這種高度達到大人腰部的專用桌，是很合適的。當然，家中同樣高度的桌子也可代用。

保持清潔的修剪方法

前腳關節下側部分的毛
像美國克卡長耳獵犬一旦放任不管，則四肢的毛會長得很長，宜修剪。

尾根下側的毛
尾下有垂毛，有礙排便，也是糞便易附著的場所，故要將蓋住肛門的毛剪短一些。

腳底的毛
過長時，易滑跤而受傷，故要修剪。只有這個部分，在修剪時，剪刀必須與毛保持垂直來使用。

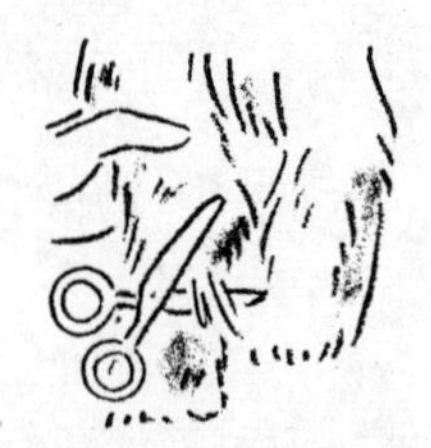

後腳跖部下側部分的毛
像美國克卡長耳獵犬等犬種，一旦四肢的毛過長，就要修剪。

阻塞耳孔的毛
為保持通風，也要修剪。可拔除耳內的毛，但可能會傷及周邊的毛，故最好採修剪的方式。

肛門周邊的毛
長毛有礙排泄，且容易附著糞便，故要修剪。這時，切勿弄傷肛門部。

口吻的觸毛
像長毛牧羊犬或喜樂蒂、貴賓狗等，為保持美麗的外觀，要修剪觸毛。

公犬生殖器附近的毛
一旦附著尿液，則周邊的毛會打結，容易變色，故要剪短，且避免受傷。

母犬生殖器附近的毛
排尿時，為避免毛沾到尿，故要將生殖器周邊的毛剪短。因皮膚較薄，故要小心處理，以免受傷。

夏日修剪的方法

為讓愛犬舒適度過暑熱的時期，宜將長毛犬種的毛剪短一些。在修剪之前，要充分地刷毛。

為修剪出美麗整齊的毛，最好有人捉住犬加以固定。修剪身體或腳尖等部分，要留下頭或尾巴的毛。

為達到安全修剪的目的，可用手取代梳子，用剪刀修剪夾在指間的毛。

對犬而言，站立數小時來處理毛，的確是痛苦的事情。如果讓犬躺在桌上，則對犬或飼主而言，都能夠較為輕鬆地進行。

要教導犬採用這種姿勢時，首先，讓犬站於桌上，其次，人站在犬的側面，好像由前後將其抱住似地，抬起其四肢，再擺平四肢，使其躺下。

總之，讓犬安心是最重要的，要一直輕輕愛撫犬的身體，對其溫言軟語，使其放鬆。

重複這麼做時，犬就會忍耐地保持這個姿勢，逐漸地，就能放鬆自如了。

耳的護理

垂耳犬耳內易潮濕，要特別注意

耳朵骯髒的程度，依犬種的不同而有很大的差異。一般而言，立耳犬較乾淨，疾病較少。而垂耳犬，

清理耳朵的方法

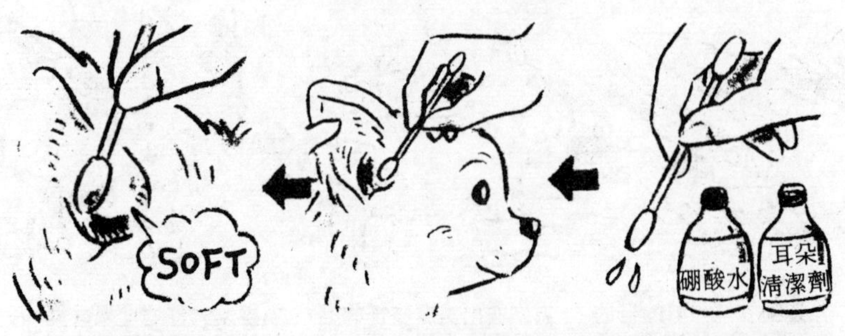

用綿棒沾耳朵清潔劑或硼酸水，或在耳朵塗抹橄欖油。

輕拉耳朵，較易看清內部。用單手按住頭，以綿棒輕輕擦拭污垢。

內部的皮膚較弱，不可用力摩擦。以輕柔的接觸除污。

耳朵通氣不良，耳內易濕而骯髒。此外，像貴賓狗或馬爾濟斯犬等耳內多毛的犬，如果耳毛塞耳，也容易造成污穢。

尤其是垂耳犬或長毛種，更需要注意濕氣的問題。沐浴後要利用脫脂綿或嬰兒用綿棒輕輕地拭乾水氣。

雖然用不著每天清洗耳朵，但也要經常檢查，發現不潔時，就要馬上處理。同時，可在耳內塗抹橄欖油，用單手緊緊地按住頭，用綿棒擦拭污垢。為避免感染症，勿使用同樣的綿棒清理雙耳。若為長毛種，則要修剪耳內的毛後，再塗

頑固的污垢

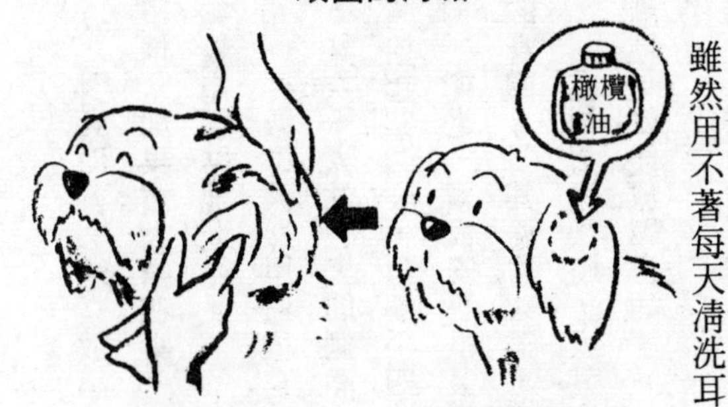

不要勉強去除頑固的污垢，先塗抹橄欖油，片刻後再清除。

待污垢變軟上浮後，再予以擦拭。雙耳勿使用同樣的綿棒或脫脂綿。

抹橄欖油。耳內的皮膚較弱，不可用力摩擦。一旦積存大量的污垢時，就得在骯髒的部位塗抹橄欖油，片刻後，就很容易清理了。

突然地清理耳朵，會使犬受驚。宜事先撫摸耳朵四周與耳廓，輕輕地按摩後，再開始清理。從幼犬開始，讓牠習慣於耳朵的清理。起初，只要稍微觸及耳朵入口附近即可，逐漸地讓牠習慣。

眼睛的護理

要經常進行眼睛的護理

當異物進入眼睛或發癢時，犬會用爪子抓眼部四周，或以物體摩擦眼睛，結果往往會傷害角膜。因此，要勤於護理眼睛。尤其是北京狗、巴狗等突眼或眼睛較大的犬，更是要注意。一日一次，使用眼藥水或硼酸水、自來水等清洗眼睛。

要去除進入眼睛的灰塵時，可將眼藥水或微溫的開水滴一滴在眼內，使異物跑到眼睛的一角，再用清潔的紗布除去異物。這時，要使用水性、無刺激性的眼藥水。如果出現眼屎，則以清潔的脫脂綿沾溫水來擦除。

不斷地流淚，會使眼下的毛變色，皮膚糜爛，因此，依症狀的不同，有時要適當地點眼

眼睛周圍的護理

用脫脂綿等沾2%稀釋硼酸水輕輕擦拭眼睛四周

藥或利用漂白劑。一旦毛變色，就要花很長的時間才能復原，同時，也是造成惡臭之因，所以平日的護理怠忽不得。

造成這種情況的原因有很多，例如，睫毛倒長時，有的犬會流淚，故要接受獸醫的治療。如果是長毛種，為避免毛進入眼中，故要將頭部的毛整理好，並綁起來。若是健康的犬，則每天用脫脂綿沾二%稀釋硼酸水輕拭眼睛四周即可。

爪的護理

小型室內犬一個月修剪一次爪子

活動較少的小型室內犬或動作遲頓的老犬等，如果爪子過長，會朝內捲，爪的尖端會刺入犬的肉球，有化膿之虞。此外，如果對過長的爪子置之不理，則可能會使爪子中的血管、神經也變長。如此一來，在剪爪子時，可能會引起出血或疼痛。故要定期地修剪狗爪子。修剪的次數，依飼養的方式或犬種的不同而各不相同。不過，如果是小型室內犬，則一個月修

高明的爪子修剪法

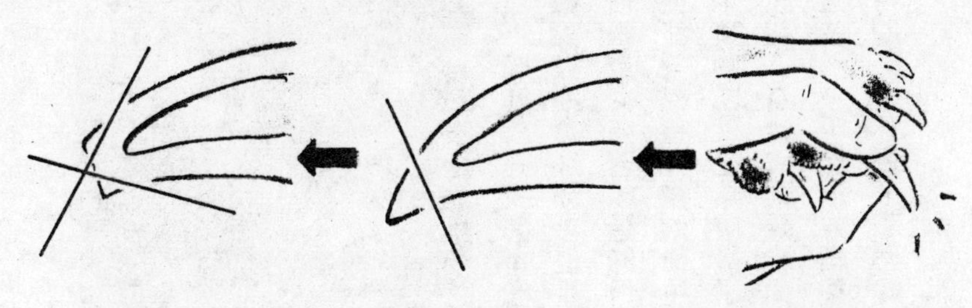

握住爪子根部與肉球的部分，較易看清整個爪子，修剪太尖的部分。

犬用指甲刀與爪子的前端部分呈直角，小心地修剪。

剪修之後，因銼刀銼圓

剪一次是大致的標準。

有些犬對修剪爪子敬而遠之，但不可因此而中途放棄，可以轉移牠注意力，或邊稱讚牠邊修剪。從幼犬時代，就要養成修剪爪子的習慣。

修剪方式是將沒有血管、變型的部分，以犬用指甲刀剪斷，再用銼刀銼圓，以手指握住爪的根部與肉球的部分，待觀察到爪子全體之後，再進行適當的修剪。

這時，切勿剪到血管。犬一旦感覺疼痛，從此以後會以此為畏途。

白色爪子其血管透明可見，可避開這個部分來修剪。通常，血管會到達爪子整體的一半到三分之二為止。黑色的爪子，因看不見血管，故只要剪尖端彎曲的部分，再以銼刀銼圓即可。在尚未習慣之前，只要在爪子前端部分剪一～二毫米即可。在沐浴後或修剪之前，將腳浸泡在溫水中四～五分鐘，待爪子變軟後再剪。

要修剪過長的爪子時，先剪掉尖端的一小部分，片

狼爪

通常，犬的後腳趾為4根，但是依犬的不同，有時第一指會多出一爪，稱為狼爪。狼爪會造成妨礙或傷害，依犬種的不同，有時必須去除。在出生後一週內進行，不會痛苦，能夠輕易完成。最好與獸醫商量後再進行。

刻後，再修剪一部分，慢慢地剪短。若不小心剪到血管，則要及時塗抹止血劑，或壓迫腳趾根部止血。如果嚴重出血，就得接受醫生的治療。

牙齒的護理

從幼犬時代就要養成刷牙的習慣

據說犬不會蛀牙，但是，最近犬的食物過短，尤其是小型犬的牙齒會因齒垢或牙結石而傷害齒根部。隨著年齡的增長，容易引起障礙或惡臭，故每隔數日就要進行刷牙。此外，刷牙不僅能夠保持牙齒的衛生，也是讓犬習慣人手放入其口中的方法，從幼犬時代加以訓練，則給予藥物時就毫無阻礙了。

起初，為幼犬刷牙時，右手食指包住紗布，去除內齒的齒垢，同時，上下按摩牙齒與牙齦。這時，左手從上方輕握住口。習慣這個方法後，再以犬用或幼兒用的牙刷，依同樣的要領進行刷牙。牙刷上不必塗抹任何東西。

附著牙結石時，要予以去除。在早期階段，將指甲插入牙齒與牙結石之間，即可脫落。食用過度軟食的犬，易長牙結石，最好給予乾狗糧等固體食物，或讓其咬市售犬用固體橡膠等硬物。同時養成飯後喝水的習慣。

清理牙結石的方法

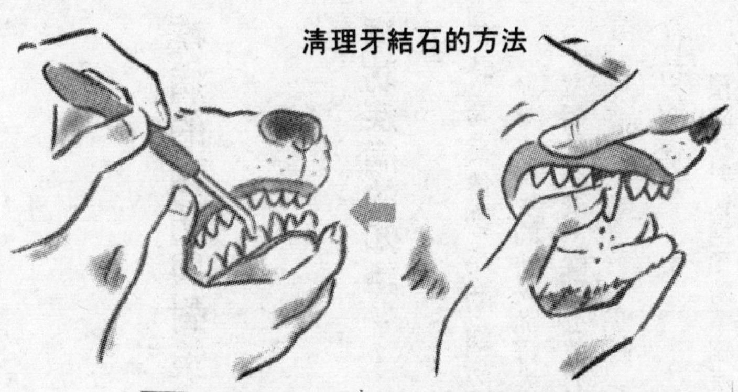

如果是頑固的牙結石，則需以專用的器具去除。

初期的牙結石，只要將指頭插入牙齒與牙結石之間，即可輕易去除。

刷牙的方法

右手食指包住紗布，上下按摩牙齒與牙齦。習慣此方法後，漸漸使用犬用或幼兒用牙刷來刷牙（牙刷上勿塗抹任何東西）。

疾病的預防與對策

為避免愛犬罹患疾病，首先要預防疾病。那麼，方法為何呢？……在此為各位介紹愛犬疾病的預防與對策。

預防疾病的知識

何時需要傳染病的預防藥與預防注射

通常，出生的幼犬從母犬那兒得到初乳，具有對抗疾病的免疫力。但遺憾的是，出生後二~三個月以後，就失去效力了。因此，出生三個月後，為避免罹患傳染病等，必須接種疫苗。

疫苗的種類

預防注射包括預防單獨疾病的疫苗，以及一次能夠預防數種疾病的混合疫苗。有關混合疫苗，為各位整述如下。

①ＤＨ疫苗／犬瘟熱病與傳染性肝炎的兩種混合疫苗。

②ＤＨＬ疫苗／犬瘟熱病、傳染性肝炎及鉤端螺旋體症的疫苗。

犬的健康管理與疾病預防的基本

第 25 天	驅蟲
第 40 天	檢便、乳齒與咬合的檢查
2個月左右	第1次DHL疫苗、小去氧核糖核酸病毒疫苗接種、檢便、乳齒與咬合的檢查
3個月左右	第2次DHL疫苗、小去氧核糖核酸病毒疫苗接種
4個月左右	狂犬病預防接種
6～7個月	左此時期進行避孕、去勢手術
1 歲	DHL疫苗追加接種、健康檢查
7 ～ 12 歲	1年2次的健診
13 歲 以 上	1年4次的健診

※DHL是犬溫熱病、傳染性肝炎、鈎端螺旋體症的簡稱，為三種混合疫苗。

③DHLP疫苗／混合小去氧核糖核酸病毒感染症的預防疫苗。

※依地區的不同，疾病發生的狀況也不同，要與獸醫商量。

必須注意的傳染病症狀與預防方法

●狂犬病

出生後三個月大的犬，每年二次接受狂犬病的預防接種。日本的法律規定，飼主有犬的登記與預防注射的義務，因此，自一九五七年以後，未曾出現狂犬病。但是，目前的亞洲、歐洲、美國各地，均出現狂犬病奪取人命的恐怖事件。

每年要定期地讓愛犬接受狂犬病疫苗的注射。

●犬溫熱病

這是由病毒所引起的傳染病，會從病犬的鼻涕、尿液、糞便、咳嗽的飛沫中排出病毒。因此，不僅會造成接觸感染，也會像人類的流行性感冒一般，經由空氣感染。如果不是完全免疫，則隨時隨地都可能會造成感染。

預防法是注射活性疫苗。在出生後五十～六十天注射第一次，九十天以後注射第二次，以後每年追加接種一次。

症狀包括下痢、嘔吐、高燒、咳嗽、長眼屎、流鼻水等。隨著疾病的惡化，可能會出現肺炎、癲癇症狀所引起的腦炎，或是手腳無法動彈的脊椎炎等。

●傳染性肝炎

多半會伴隨犬瘟熱病而發病，是危險性極高的傳染病。疾病的嚴重程度，依犬的不同而各有不同。有的犬完全不見症狀，這時，會於散步中途從尿液中排泄病毒，感染到其他的犬，因此，需要接受預防注射。但是，發病之後，就沒有使病原體死滅的藥品了。

症狀是發高燒四十度以上、下痢、嘔吐、口腔粘膜或齒肉的點狀出血、食慾不振、嚴重口渴、目眩、角膜混濁等。此外，還會出現吠叫不停的狂騷症狀。

●鉤端螺旋體症

這是由一種螺旋體所引起的傳染病。感染途徑有二。包括只有犬才會感染的犬鉤端螺旋體症，以及人類也會感染的鉤端螺旋體病中的鉤端螺旋體性黃疸型。後者是人↓老鼠↓犬，會互相感染的疾病。

病原體會從感染的犬或老鼠的尿中排出，經由口、鼻、皮膚等感染。在長雨之後，有多發的傾向。故散步時要避免讓犬喝路上的積水。

預防法是注射不活性化疫苗。抗生物質對此病原體有效，早期治療乃是恢復健康的關鍵。症狀包括發燒、劇烈嘔吐、暗紅色的下痢、口臭、眼屎等。

●水去氧核糖核酸病毒感染症

這是在一九七八年所發現的新型病毒病。傳染力極強，快速地擴及於世。藏在病犬或帶菌犬排泄物中的病毒，造成接觸感染，或附著在人的衣服、鞋子等物體上，或經由跳蚤等為媒介而傳染。一旦發病，要馬上接受集中治療。

經口感染的病毒，在三～五天內會擴散於全身。症狀包括突來的劇烈嘔吐、灰白色下痢。病情一旦惡化，會出現如番茄汁般的血便，身體會於短時間內急速衰竭。

預防法是利用小去氧核糖核酸病毒感染症不活化疫苗，與獸醫商量後，儘早接種。

●狗窩傳染症

在集體飼養而衛生管理不良的地方，容易出現這種疾病，尤其是體弱多病或營養狀態不佳的犬，較容易感染，為傳染性呼吸器官疾病。以犬腺病毒Ⅱ型為主因，會引起數種支氣管炎的細菌，經由混合感染而發病。目前，尚未出現預防疫苗，預防法則是每天勤於處理排泄物，同時，定期清理狗屋，進行消毒，隔離發病犬，這些都是很重要的工作。

症狀和犬溫熱病初期症狀十分類似，會持續頑固的咳嗽。此外，會分泌鼻涕，同時，出現結膜炎或口腔粘膜的充血等症狀。

●絲蟲症

蚊蟲叮咬絲蟲寄生犬的血之後，絲蟲的幼蟲會於蚊子的體內成長。而成長的絲蟲，在蚊子叮咬健康犬的血時，再次地寄生於犬的皮下，由皮下到肌肉，再進入血管，逐漸成長，圍繞著心臟棲息著。等到得知罹患絲蟲症等，大都已成為重症了，原因即在於此。患症時，會出現痛苦的咳嗽，為代表性的症狀。初期症狀是容易疲倦，毛色不良，喪失元氣。

預防法是保護犬不受蚊蟲叮咬，但只要內服藥物，即可奏效。因此，開始飼養幼犬時，要從夏天起（四月到十一月為止），讓幼犬定期地服用DEC劑等藥物。此外，如果沒有做到，則要接受血液檢查後再服用藥物。

腸內寄生蟲所引起的疾病與預防

蛔蟲症、鈎蟲症、鞭蟲症、絛蟲症、球蟲症等，皆是由腸蟲寄生蟲所引起的疾病。懷孕犬經口感染，會使在子宮內的胎兒受到蛔蟲的侵襲。為慎重起見，在幼犬時期就要接受糞便的檢查。一旦有多數蟲寄生，會造成痙攣等神經症狀，導致貧血，或會因出血性的下痢而衰弱，甚而致死。

需注意的是食慾不振、下痢、發育不全、腹脹等症狀。這時，飼主勿任意給予驅蟲藥，可能會因意想不到的副作用而導致幼犬死亡，故首先要接受獸醫的診治。此刻，將幼犬的糞便（只要小指尖的分量即可），趁未乾燥時，包以鋁箔紙，和幼犬一起帶到動物醫院受診。

皮膚病的知識與對策

皮膚病中的毛包蟲症、疥癬症，是由蟎所造成的原因；而皮膚真菌症，則是由黴菌所造成的原因，多半來自外在因素。此外，也可能因內臟疾病而導致皮膚的問題，原因頗多。

雖說是皮膚病，但是原因不明時，就無法做正確的治療。首先要認識這一點，切勿採用外行人療法，要接受獸醫的指示，耐心地治療。又，狗屋等環境，要隨時保持清潔，給予愛犬營養均衡的食物，保護愛犬，避免罹患皮膚病，這才是最佳的預防法。

最近腫瘤（癌）有增加的傾向

犬和人類一樣，會罹患癌症。可悲的是，死於癌症的犬，最近有增加的傾向。犬的癌症年齡，在五～六歲時，以乳癌（乳腺腫瘤）為第一位，其次是肛門周圍腫瘤、淋巴肉瘤（包括稱為白血病的血癌在內），發病件數較多。

較年輕的犬，口中形成腫瘤的機率也較多。雖不是惡性腫瘤，但因發生率較高，故在未惡化之前，要進行治療。

治療癌症的方法，大致與人類相同，早期發現是最重要的。①觸摸皮膚時發現不痛不癢的硬塊。②母犬的乳腺硬塊，分娩後的長期出血。③公犬肛門四周、睪丸的腫瘤宜注意。④

血尿。⑤血便。⑥鼻子呼吸阻塞、流鼻血。⑦咳嗽、呼吸異常、腹部、腋腹的腫脹或硬塊。

以上是早期發現的重點，供各位參考。

體內存在寄生蟲時的症狀

雖然食量大卻不胖

下痢或血便、嘔吐

飲慾減退

脫水狀態

貧血

預防皮膚病的4大重點

隨時保持清潔

毛的整理

正確的營養食品

使用除蚤項圈、除蚤粉

由症狀來分辨愛犬疾病的訊息

愛犬出現異樣……，一旦有這種感覺，可能表示身體出現異常症狀。疾病的症狀隨時可能出現，需要檢查。在此為各位提供一些疾病的訊息。

發現疾病的基本知識

「眼睛」會說話

當眼睛出現異常時，犬會摩擦臉部，或用前腳抓眼，出現傷痕，故要及早處置，但切勿使用人類用的眼藥水，而要使用獸醫給予的處方。

★檢查重點／眼屎（膿狀、乳白色）、闔眼、眼睛發紅、發黃、發癢而想要摩擦、眼表泛白、眼內泛白、瞳孔泛白、流眼淚、怕強光。

★可以考慮的要因／角膜炎、結膜炎、倒睫、流淚炎、過敏、白內障、犬瘟熱病、傳染性肝炎、鈎端螺旋體症等。

富於光澤的「鼻子」是充滿元氣的證明

在睡覺時或剛睡醒之際，鼻子是乾的，勿擔心。不久之後，來自鼻腺、淚腺的分泌物會潤濕鼻子，富於光澤。發燒時，感覺鼻子好像破裂似的，這就是體力減退的證明。

★檢查重點／流鼻水（水樣性、膿樣性）、流鼻血、鼻子乾燥、鼻子變形等。

★可以考慮的要因／犬瘟熱病、鼻炎、外傷、異物、腫瘤（癌）、熱性疾病等。

「口」中為黃色的黃疸

健康時，口粘膜為淡紅色。略帶貧血傾向時，為蒼白的顏色。犬的口中會因體調的不同而出現不同的顏色，宜小心觀察。

當魚骨或刺鯁在喉頭時，犬不喜歡他人檢查自己的口。口內炎可能是鈎端螺旋體症、傳染性肝炎、犬瘟熱病等感染所致。

★檢查重點／流口水、疼痛、口合不攏、口臭、出血、用前腳抓、口粘膜顏色蒼白、潮紅或泛黃等。

★可以考慮的要因／口內炎、刺到異物、腫瘤（癌）、外傷、齒牙疾病、齒槽膿漏、舌下囊腫、牙結石沈著、慢性消化器官疾病、腸內寄生蟲、貧血、充血、黃疸等。

原本對散步、吃飯的聲音十分敏感的耳朵出現疾病

突然摩擦耳朵，或頭猛烈地左右搖晃，或展現興奮的跑跳行動時，則疑似耳朵異常。另外，沐浴後，也要仔細地擦乾耳朵。

斷耳手術的處置不良，也可能造成疾病，需要注意。

★檢查重點／頭朝左右搖晃、抓耳朵四周、耳內發臭、腫脹、耳外側毛稀薄、觸摸時覺得發熱或疼痛等。

★可以考慮的要因／有蟲進入、耳蟎寄生、外耳炎、中耳炎、耳血腫等。

也要檢查散步時的「走路方式」

如果出現怪異的走路方式，則可能是腳受傷，或被異物刺到。當肉眼無法確認時，則可能是關節、肌肉、頸椎、胸椎、腰椎異常，或是骨折。

脊椎疼痛或腦的異常，也會表現在走路方式上。因此，如果不見外傷，一定要接受獸醫的診治。

★檢查重點／跛腳或腳彎曲、觸摸時感覺疼痛、有出血或內出血現象、腳無力等。

★可以考慮的要因／骨折、脫臼、佝僂病、外傷、腫瘤、椎間盤突出症、爪子過長、關節炎等。

各種「叫聲」是顯示異常的訊息

身體異常時，叫聲也會產生變化。嘶啞的叫聲，可能是咽頭炎、喉頭炎、食道疾病等從口腔到胸部出現異狀。

撒嬌般的叫聲，可能是內科疾病導致的疼痛。這時，可能會駝背、動作遲頓。

有外傷時，一旦觸摸患部，就會大聲吠叫。除了骨折、脫臼以外，也可能是結石所致。

與「呼吸」有關的異常

頻頻咳嗽，可能是支氣管炎、肺炎、絲蟲症或狗窩傳染病。此外，誤吞異物或心臟病，也可能會出現這般的症狀。打噴嚏則是異物阻塞或鼻炎等所引起的，有時是腫瘤所致。另外，肺部出現雜音時，則可能是肺炎、支氣管炎或心臟病。

此外，呼吸出現雜音時，可能是因為腭下垂或支氣管炎等阻塞氣道所致。以叭喇犬、北京狗等短吻種較易出現這種情形。

「皮膚」與「被毛」

犬的皮膚不易看到，但是卻擁有各種的皮膚病。通常是白色到膚色的肌膚，一旦有黃疸，皮膚會變黃。這可能是肝臟或膽管的異常，或寄生蟲、傳染病所致。另外，變化為褐、黑、紫、潮紅的膚色，也是診斷疾病的大致標準。而且，犬的皮膚只有腳底存在汗腺，如果皮膚潮濕，則可能是濕疹等液體滲出所造成的。

異常的皮膚也會波及被毛，當毛失去光澤或毛質不良時，必須要檢查皮膚。另外，如果猛抓身體，可能是跳蚤或蟎在做祟，如果不予理會，皮膚病難以治癒，宜及早處理。

分辨「糞便、尿液」的方法

糞便會隨著飲食內容而產生變化。不過，如果每天攝取同樣的食物，則糞便多半是維持

採尿的方法

犬尿不易採，但在排尿時，可用事先做好的採尿器具搜集5C.C新鮮的尿。

免洗筷的前端包住脫脂綿，紮以橡皮筋、沾尿。

相同的色調。一旦存在寄生蟲，會變成黃色。有時，肉眼也能夠發現蟲夾雜在糞便中。此外，若出現嚴重水狀的下痢，或如番茄汁般的糞便，抑或是黑色焦油狀的糞便，則可能是病毒感染症。若出現一～二次的便秘，則要觀察情況。雖然沒有排便，卻重複出現排便的姿態，則要加以檢查。

基本上來說，尿為淡黃色。如果尿色混濁或帶血，則多屬異常。又，如果不排尿或隨地便溺，則要趕緊就醫。

感覺「沒有元氣」

沒有元氣，但有食慾的話，則可以觀察一～二天。這時，要注意糞便、尿液、眼、鼻、身體的狀態。如果食慾不穩定，則要與獸醫商量。如果元氣、食慾皆減半，尾巴也不會搖擺，眼睛無光，則要接受檢查。同時，如果伴隨出現高燒症狀，則要及時送醫治療。

為何會「突然消瘦」

飼養的犬增加或變更狗屋的場所，或暫時寄放在他處飼養，對於這種環境的變化，犬都會表現出纖細的反應。若是想不出原因時，則可能是食量不足或罹患內科疾病，故要接受診治。

「嘔吐」時的判斷基準

犬會嘔吐，是司空見慣的事，但如果是因為異物阻塞食道或呑下無法消化的石頭、塑膠袋，則可能會引起腸閉塞、腸捻轉、傳染性疾病等危險的情形。判斷的基準如下。

犬再將嘔吐物吃到肚子裡，或雖然吐一～二次，但仍然充滿元氣的話，則可以暫時觀察情況。

如果一直想吐，或持續多次嘔吐，或在嘔吐中發現蟲及異物，或喝下大量的水之後又立即嘔吐時，就要接受診斷了。

此外，如果沒吃什麼，卻出現噁心感，抑或是嘔吐物中帶血，或出現惡臭時，宜儘早接受診治。但記得要將嘔吐物一起帶去檢查。

為何「舔身體」

犬拚命地舔身體的某個部位，可能是這兒被割傷或抓傷，想要藉著舔舐來加以治療吧！但也可能是濕疹或疥癬病惡化，造成皮膚的潰爛。如果舔肛門四周，則可能是肛門周圍潰爛或寄生蟲所造成的。

若為母犬，當子宮出現變化，產生分泌物時，也會舔舐身體。要趕緊接受診治。

依犬的狀況來判斷體調

沒有食慾

首先測量體溫，找出食慾不振的原因

摩擦屁股

可能是腦貧血、蛔蟲寄生、尿毒症或傳染症等

持續咳嗽

除了呼吸器官的疾病之外，也可能是傳染病

嘔吐

如果持續嘔吐，則要將嘔吐物一併帶到醫院接受檢查

發癢

關於疥癬蟲的寄生或濕疹等，則有賴平日的照顧來加以預防

走路方式怪異

首先檢查腳底，也可能是關節部的異常

昏倒或抽筋

可能是犬絲蟲寄生或皮膚炎、肛門囊周圍引起發炎症狀

尿色或糞便異常

最惡劣的情況可能是傳染病，要接受檢查

「摩擦屁股」的原因為何

如果採取好像摩擦肛門般的走路方式，則可能是肛門周邊發癢，必須確認是否罹患皮膚炎或肛門囊（肛下的袋子。為避免排泄物積存在此處，而要定期地擠出）的周圍有發炎症狀。雖然周圍擦拭乾淨，卻一直重複出現相同的動作，則要找獸醫商量。

飲水量比平常多

犬在散步後會大量喝水，這是為了調節體溫。此外，攝取鹽份過多的食品時，也會喝較多的水。因此，犬的食物不宜過鹹。

另外，發高燒、下痢、糖尿病、腎臟病、尿崩症的症狀，也會大量地飲水。如果感覺飲水量比平常更多，就要接受診察。

愛犬的疾病、受傷的處理方法

愛犬患病或受傷時，接受獸醫的診治是很重要的。但是，在緊急狀況下，你就是家庭醫師。在此為各位介紹愛犬的疾病或受傷的基本處理方法。

基本篇　首先要了解應該準備之物

以備不時之需的急救箱內容

一般人會準備人類用的急救箱，但卻鮮少準備犬用的急救箱。為了以防萬一，仍然要準備一些必要的器材或常備藥。以下的介紹，供各位做為參考。

★器材：溫度計、剪刀、鑷子、指甲刀、紗布、脫脂綿、繃帶、絆創膏等。

★外用劑：傷口用／消毒用酒精、雙氧水、碘酒、紅汞水。銼傷用／濕布藥、軟膏。驅除劑／去蚤項圈、殺蟲劑。狗屋、犬具／消毒藥（甲酚）、逆性肥皂液、氯系列的次亞氯酸鈉液。

★內服劑：鈣劑、綜合維他命劑（犬、貓用）、維他命E劑、酵母劑、腸內殺菌劑。

急救箱的內容

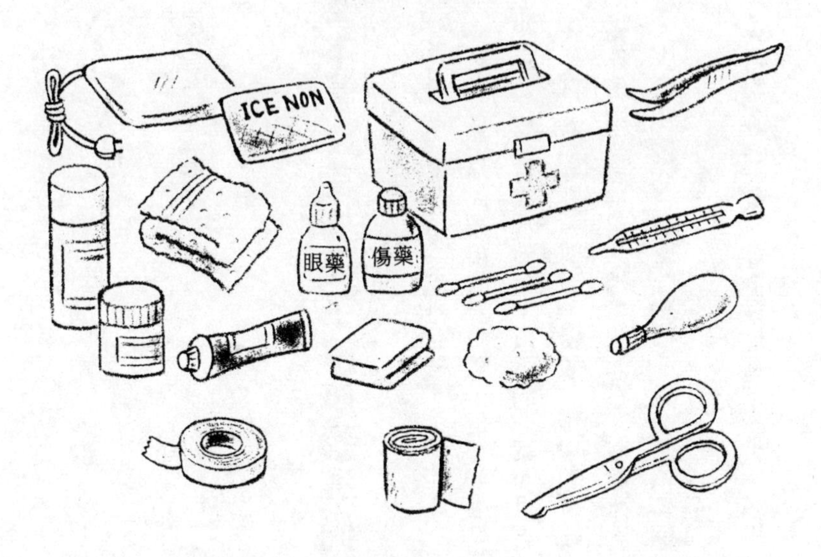

體重的測量法

測量方法③　如果人與犬的體重超過100kg，亦即大型犬時，則可利用二個磅秤一起測量。

測量方法②　利用一般的體重器（可測量到100kg為止），抱著愛犬一起測量，再減去抱犬者的體重。

測量方法①　利用嬰兒用的磅秤（可測量0～12kg為止，直接將幼犬放於其上測量。可用以測量溫馴的小型犬或幼犬的體重。

★其他：耳藥（硼酸軟膏、動物用點耳藥）、眼藥（醫生所開的藥物）、灌腸。

※包括驅除寄生蟲的藥物在內，內服藥或眼、耳藥務必使用獸醫所開的處方。

量體溫的方法

發現犬有異狀時，首先要量體溫。一般是測量直腸溫。在此為各位介紹直腸溫、內胯及家人不在場時的測量方法。

★測量直腸溫的重點

①使用獸醫所用的棒狀溫度針。

②因為要插入肛門，故事先塗抹溫水、食用油、凡士林，較容易插入。

③讓犬站著，抬起尾巴，慢慢轉動溫度計，插入三～六㎝（深度依犬的大小而不同）。

④水銀部要接觸到腸內的粘膜，將體溫計靠向一側。

⑤直腸溫的正常值小型犬為三十八•五度，大型犬為三十八度左右。

※如果不是在排便後插入，有時溫度不會上升。

★利用內胯的測量法

①溫度計夾在內胯的根部（後腳大腿內側與腹部之間）。

②為使溫度計與身體緊密結合，要從外側按住後腳。

③花四～五分鐘的時間測量。

體溫的測量法

直腸溫的溫量法

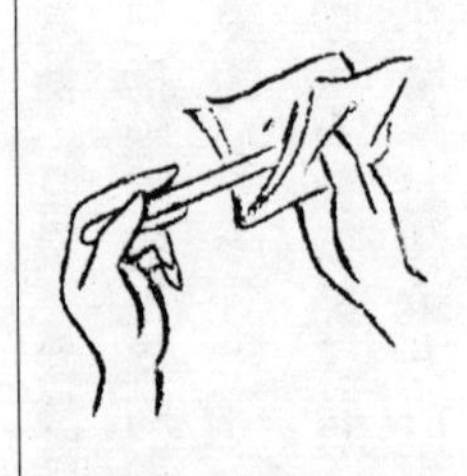

時間一到，抽出溫度計，用衛生紙擦拭後看其刻度。

抬起尾巴，從肛門慢慢地轉動溫度計插入3～6cm。

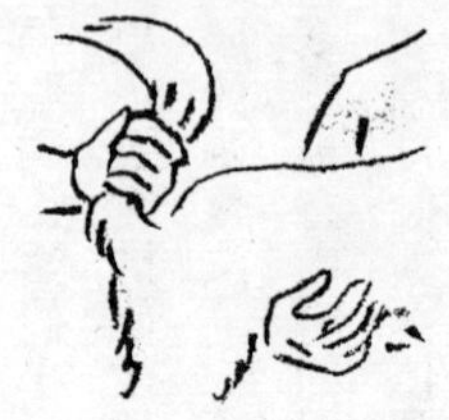

由一個人固定犬，另一個人來測量。

家人不在場時的測量法

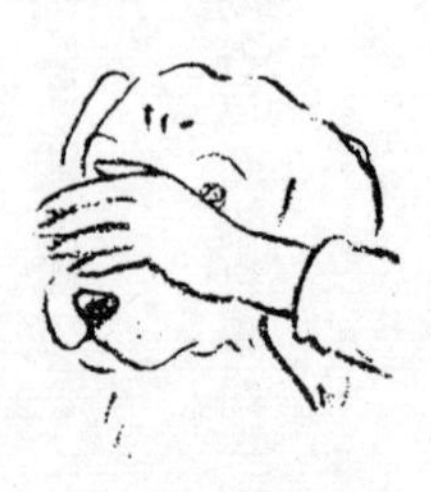

每次都要觸摸相同的部分，是重點所在

方法①　食指插入犬口中的牙齒與唇之間，測量體溫。

方法②　手掌貼住或抓住耳、鼻頭、腹部被毛較薄的部分，測量體溫。

內胯的測量法

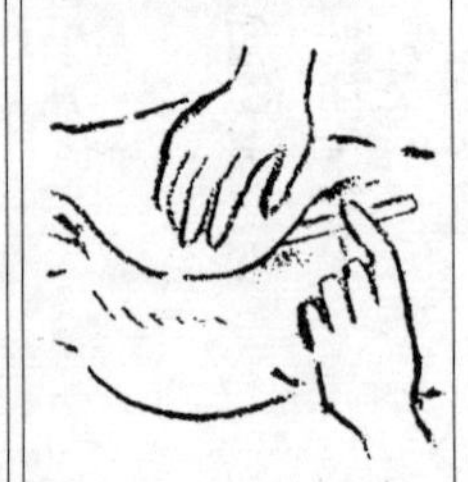

將溫度計夾在內胯的根部（後腳大腿內側與腹部之間），花4～5分鐘測量。為使溫度計與身體緊密貼合，最好從外側壓住犬的後腳。

④這時的正常值比直腸溫低〇・五～一度。

★家人不在場時的測量法

①食指插入犬的口中的牙齒與唇之間，測量體溫。

②手掌貼住或抓住耳、鼻頭、腹部被毛較薄的部分，測量體溫。

測量體重的方法

體重依犬種的不同，基準值也不同。因此，只要不是極端肥胖的犬，能夠適合出生一～二年的各自基準即可。

①溫馴的幼犬或小型犬，只要用嬰兒用的磅秤直接測量即可。

餵藥的方法

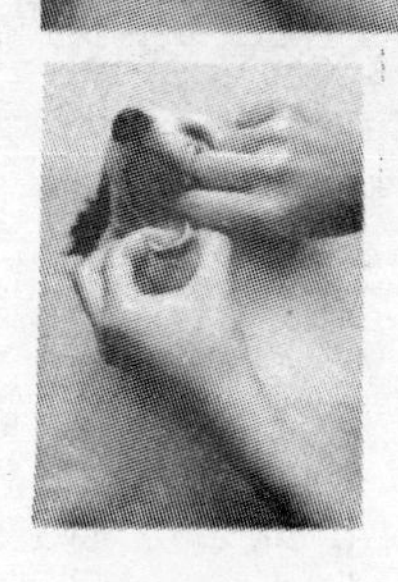

鼻子略朝上，張口，儘量將錠劑置於舌頭深處。

放置錠劑後，閉口，輕輕摩擦喉嚨，確認犬吞下錠劑。

眼藥的使用法

用一隻手捏住犬的下巴上抬，拿著眼藥容器的手腕抵住犬的頭，向下按，點眼藥，最好從眼頭點入。

②抱住犬站在一般的體重器上測量，再減去抱犬者的體重，即可測出犬的體重。
③人抱住犬測量體重，若超過一〇〇kg，則要使用二個體重器來測量。

高明的餵藥法

犬的口能夠發揮如人類手一般的作用，因此，如果勉強的讓牠服藥，會產生極大的抵抗且抱持戒心，以後要再餵藥，可就不容易了。所以，一定要學習高明的餵藥法。

★錠劑、膠囊的服用法

用指尖捏住，趕緊放入犬的喉嚨深處，或用乳酪等包住，像食物一般地扔給犬吃。這時，犬會用口接住食物，一口吞下。

①左手置於犬的鼻梁部，拇指的食指好像繞到犬齒的後側似地捏住上顎。此時，拇指抵住口中上部，略微用力地張開其口。
②將犬的頭拉向後方，以右手的中指與食指持藥，儘量將藥放入口內深處。
③然後立刻閉口，一～二秒之後，犬用舌頭舔鼻子時，就會吞下藥物。

★藥粉的服用法

可用蜂密或奶油等調拌，塗抹於舌頭或口的四周（犬會加以舔食）。或以糯米紙包住，或放入膠囊中，採用與錠劑同樣的方式來餵服。

★藥水、糖漿的服用法

利用塑膠製的滴管從側面滴入。若是食慾旺盛的犬，則可混入食物中給予。

①輕輕捏住犬的口吻，將下巴略微上抬。

②張開口頰，將塑膠製的滴管或注射容器塞入牙齒與頰之間，注入藥物。

★眼藥的使用法

包括點眼軟膏及水溶性的眼藥，使用時，切勿傷害到牠的眼睛。

①水溶性的眼藥使用法，可讓犬的眼瞼輕閉，滴入藥物。

②張開眼時，藥會自然地流入眼中。

※軟膏則塗抹於上眼瞼的內側。

★耳藥的使用法

液狀的耳藥要沿著耳壁滴入深處，從外側輕輕按摩耳根，使藥物能夠進入耳的內側。輕輕拭去多餘的藥物。

測量呼吸數、脈搏的方法

犬一旦感覺人的緊張時，自己也會變得不安，因此，不易測量出其正確的呼吸數。此外，當氣溫上升時，犬也會增加呼吸數，以便散熱降體溫。要正確的測量，則要躲在陰暗處，趁犬不注意時，數胸部鼓動的次數，這也是一種方法。呼吸數的正常値，每分鐘為十五～三十次，通常幼犬或小型犬比成犬、大型犬的次數更多。脈搏的跳動次數，幼犬一分鐘為九十～一二〇，成犬為七〇～一〇〇左右。一般而言，小型犬的脈動次數多於大型犬。

可用手抵住犬後腳的內側來測量脈搏，但必須事先記住健康時的脈動次數。

應用篇　事先要了解處理方法以防萬一

燙傷

火傷與燙傷的處理方法相同。因為很痛，故要套以口環保持穩定。勿塗抹藥物，馬上就醫。如果皮膚已經焦黑、腫脹、發紅，到了重傷程度，可能會引起休克狀態。故切勿觸摸患部，要蓋上油紙等，再裹以毛毯保溫，送醫急救。

較輕微的情形

患部用冷紗毛或毛巾輕輕地冷敷。

重傷的情況

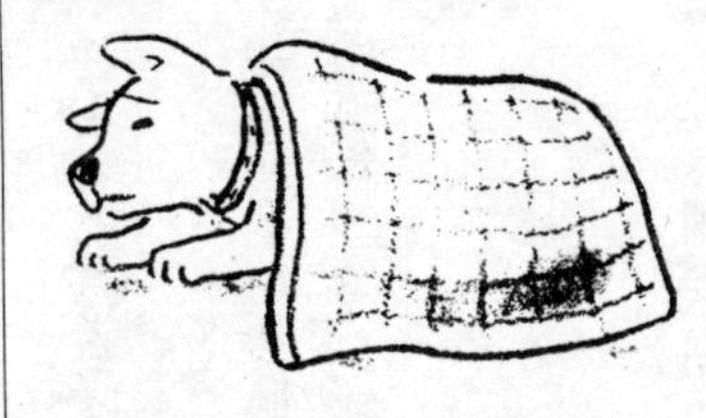

用油紙蓋住患部，再裹住毛毯，保溫送醫急救。

化學藥品所引起的燙傷

用肥皂或水充分沖洗掉附著在皮膚或被毛上的化學藥品後，送醫救治。

出血

疼痛時，為避免犬咬傷口，故要套上口環，保持穩定。輕微的出血，會自然地停止。如果為嚴重出血，則模仿圖例，實行止血，再接受醫生治療。

壓迫法

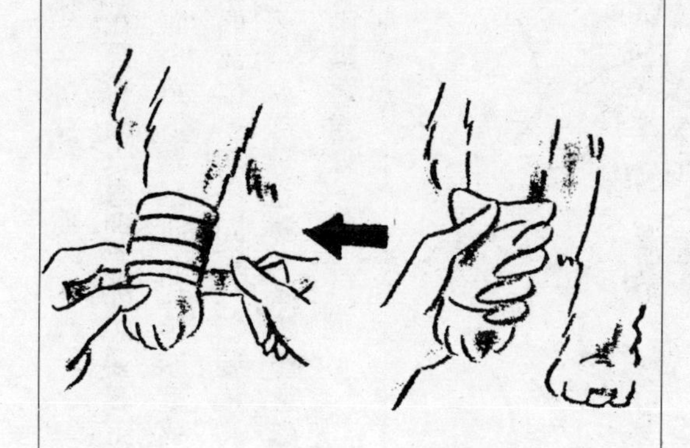

難以纏上繃帶的軀幹或頸部等部位的出血，可用壓迫法。

用紗布等蓋住傷口，按壓止血。如果無法止血，則從上方綁住繃帶。

緊縛法

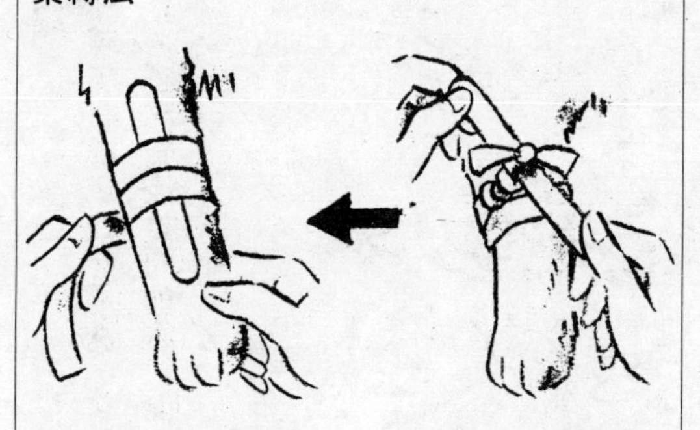

牢牢固定棒子，以免鬆脫。止血後，綁上繃帶，時間不可持續太久，否則會造成血流停滯，破壞組織，宜注意。

使用於腳或尾巴的出血。距傷口較近的部分，用棒子一起綁緊，直到出血停止為止。

挫傷、骨折、脫臼

在接受緊急處理之前，要套上口環。如果出血，必須先止血。利用厚紙或木片支撐折斷的部位，加以固定，不要移動（但勿勉強進行）。立刻就醫，不要任意處理患部，宜委由獸醫處理。

綁托板時，托板要比紗布或布更長一些。

繃帶勿綁得太緊，嚴重腫脹時，宜冷敷。

中暑

呼吸急促，口吐泡沫，有時意識昏迷。首先，要移到涼爽的地方，保持身體冷卻。

用冷水澆淋身體，或用濕毛巾裹住全身，使身體冷卻。

貧血

出現大量出血的急性貧血，則要接受急救處置，趕緊止血。全身用毛毯包住保溫。

為使血流良好，腹部或臂不要墊毛毯等，使頭比心臟低

觸電

立刻抱起倒下的犬，會一起觸電，故首先要拔除電源。如果因休克而小便，則不可碰觸到尿液。

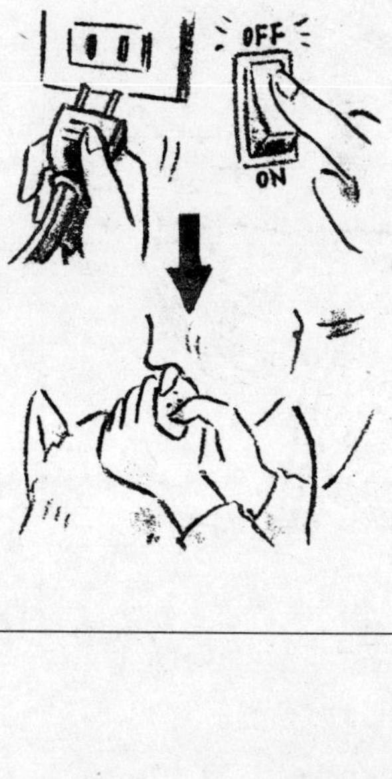

勿馬上抱起犬，首先，避開犬或尿，切斷電源或拔下插頭。

若呼吸停止，則要實行人工呼吸。如為小型犬，則實行搖晃式的人工呼吸，再送醫急救。

交通事故

受傷的狀態為複合狀態（挫傷、壓迫、裂傷、出血、骨折、脫臼、內臟破裂），故要從容不迫地進行處置。

此外，儘管症狀輕微，也要就醫治療。

人被狗咬

遭狗咬時，即使傷勢輕微，也要接受專門醫生診治。可能感染細菌而生病，因此需要接受破傷風預防的血清注射。

輕傷時，患部用肥皂沖洗，再就醫診治。若是嚴重出血，則要進行止血，立即送醫救治。其後，接受狂犬病鑑定。

休克狀態、痙攣

待症攣停止發作後，再送醫救治。休克狀態是引起急速循環障礙的狀態。會出現體溫下降、可視粘膜蒼白、呼吸急促等症狀。

休克狀態

用毛毯等物包住愛犬保溫，及早就醫。為免引起急速循環障礙，要靜靜地搬運。

痙攣

不小心接近愛犬時，可能會被咬。待停止發作後，再送醫治療。要移開犬周圍的障礙物。

固定法與搬運法

受傷的犬往往拒絕接受照顧或服藥，這時，就得強制性地固定犬。①靠近受傷犬時宜注意。②對犬溫言軟語，使其平靜。③必要時，可套上口環，以免被咬。④如果犬能夠走路，則要小心地套上拉繩，慢慢地誘導犬行走。以上皆是固定時的注意事項。又，受傷犬的搬運，要遵守如下的原則。①不要做超出必要以上的移動。②勿浪費時間。③傷口較深，或犬心懷恐懼時，飼主要先為牠套上口環，再搬運。

溺水時

若呼吸停止，則要實行人工呼吸。

搖晃的方法

拍打犬的側腹1～2次，給予刺激，然後用雙手抓住犬的後腳，好像鐘擺似地搖晃10次。讓犬躺地加以觀察，數秒鐘後，若無反應，再重複進行。

人工呼吸法

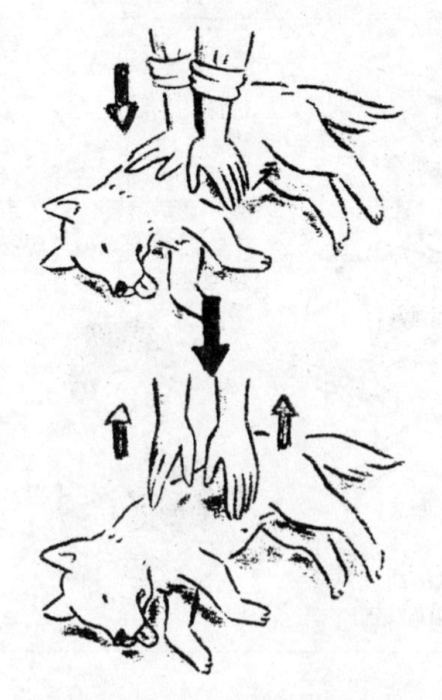

讓犬側躺。檢查犬的口中，拉出舌頭，使空氣易進入氣道。雙手置於肩胛骨旁的肋骨上方，壓出肺的空氣。

手迅速放開，讓空氣進入肺中。重複這個壓、放的動作，直到犬能自行呼吸爲止。每隔5秒鐘，重複做1次，宜迅速、確實、耐心地持續進行。

搬運

若是小型犬，則捏住後脖頸來搬運，或利用浴巾等折成三角巾，利用木板或硬紙板取代擔架來搬運。

固定

用手臂抱住犬的脖子，另一隻手臂則從犬的腰部繞到腹部，使犬與自己的身體貼合，加以固定。

套口環

將繩子繞於犬的口周圍2～3圈。繞過頸部，於耳後打結。如為短尾種的犬，並可用毛巾包住。

動物醫院的使用法

狗狗遇到緊急狀況時……，不僅是家庭內的處理，也要帶到動物醫院接受醫師的診察。為各位介紹動物醫院的使用法。

患病時的常識須知

擁有家庭醫師

不要待犬生病後，才趕緊找尋醫生。從幼犬時代開始，就必須擁有一位關係良好的獸醫。包括平常健康管理的問題或各種疲苗注射等，都可以和獸醫商量。如果有經常往來的關係，則愛犬應該不會產生強烈的抵抗感而去咬獸醫生。

動物醫院的候診室

待在動物醫院的候診室，與其他的寵物一起候診時，可能會對其他的動物吠叫或嬉鬧，因此，平時就要努力地訓練，讓牠能夠忠實地遵守飼主的指示。此外，飼主也不要任意接觸或抱其他的寵物，否則，對方的疾病可能會感染到自己的愛犬身上。

重症之前趕緊就醫

發現有異樣時，要趕緊接受獸醫的診察，勿任意進行外行人療法，或不予理會，否則，後果不堪設想。

緊急時趕快撥電話

如果是因交通事故或突然的意識昏迷，而形成緊急狀況時，就算及時就醫，可能正好醫生不在，或沒有做好必要處置的準備，如此一來，只會無端地浪費時間。因此，要事先以電話連絡，有時，也可以請對方代為介紹其他的醫院。

帶排泄物一同前往

如果認為問題在於排泄物上，則與其用口頭說明，還不如採尿或糞便，帶去檢查，反而能夠節省時間。

幫助獸醫固定愛犬

為使獸醫便於診察，飼主要幫助獸醫固定愛犬，以便診察工作能夠順利地進行。如果不是重症的話，則別忘了替愛犬套上項圈。在固定時，通常需要握住項圈。

送醫之前先讓愛犬排便

如果自行開車送愛犬就醫，就無所謂了。可是，如果是坐計程車送醫，則事前要讓愛犬排便，以免沾污了車子。同時，也省得在醫院中造成不必要的困擾。另外，也要帶衛生紙、

平常就要妥善照顧，避免愛犬罹患疾病……

報紙、塑膠袋、浴巾等，以便不時之需。此外，避免移動中愛犬逃脫。

報告疾病的經過

不論寵物的病情好轉，或不幸地已經回天乏術，飼主都要對獸醫報告疾病的經過。

對獸醫而言，可提供治療的參考，也有助於其他人所飼養動物的治療。

罹患傳染病時

傳染病具有各種不同的感染途徑，如果診斷愛犬罹患傳染病，則包括照顧方法在內，排泄物的收集法、散步方式等，都要遵從醫生的指示來進行。

如果同時飼養數隻寵物，則要隔離病犬。包括家庭的情況在內，也都要與獸醫商量，找出最好的對策。

2. 神奇拍打療法　安在峰著　200元
3. 神奇拔罐療法　安在峰著　200元
4. 神奇艾灸療法　安在峰著　200元
5. 神奇貼敷療法　安在峰著　200元
6. 神奇薰洗療法　安在峰著　200元
7. 神奇耳穴療法　安在峰著　200元
8. 神奇指針療法　安在峰著　200元
9. 神奇藥酒療法　安在峰著　200元
10. 神奇藥茶療法　安在峰著　200元
11. 神奇推拿療法　張貴荷著　200元
12. 神奇止痛療法　漆 浩 著　200元

・彩色圖解保健・品冠編號 64

1. 瘦身　主婦之友社　300元
2. 腰痛　主婦之友社　300元
3. 肩膀痠痛　主婦之友社　300元
4. 腰、膝、腳的疼痛　主婦之友社　300元
5. 壓力、精神疲勞　主婦之友社　300元
6. 眼睛疲勞、視力減退　主婦之友社　300元

・心 想 事 成・品冠編號 65

1. 魔法愛情點心　結城莫拉著　120元
2. 可愛手工飾品　結城莫拉著　120元
3. 可愛打扮 & 髮型　結城莫拉著　120元
4. 撲克牌算命　結城莫拉著　120元

・少 年 偵 探・品冠編號 66

1. 怪盜二十面相　（精）　江戶川亂步著　特價 189元
2. 少年偵探團　（精）　江戶川亂步著　特價 189元
3. 妖怪博士　（精）　江戶川亂步著　特價 189元
4. 大金塊　（精）　江戶川亂步著　特價 230元
5. 青銅魔人　（精）　江戶川亂步著　特價 230元
6. 地底魔術王　（精）　江戶川亂步著　特價 230元
7. 透明怪人　（精）　江戶川亂步著　特價 230元
8. 怪人四十面相　（精）　江戶川亂步著　特價 230元
9. 宇宙怪人　（精）　江戶川亂步著　特價 230元
10. 恐怖的鐵塔王國　（精）　江戶川亂步著　特價 230元
11. 灰色巨人　（精）　江戶川亂步著　特價 230元
12. 海底魔術師　（精）　江戶川亂步著　特價 230元
13. 黃金豹　（精）　江戶川亂步著　特價 230元
14. 魔法博士　（精）　江戶川亂步著　特價 230元

15. 馬戲怪人 （精） 江戶川亂步著 特價 230 元
16. 魔人銅鑼 （精） 江戶川亂步著 特價 230 元
17. 魔法人偶 （精） 江戶川亂步著 特價 230 元
18. 奇面城的秘密 （精） 江戶川亂步著 特價 230 元
19. 夜光人 （精） 江戶川亂步著 特價 230 元
20. 塔上的魔術師 （精） 江戶川亂步著 特價 230 元
21. 鐵人Q （精） 江戶川亂步著 特價 230 元
22. 假面恐怖王 （精） 江戶川亂步著
23. 電人M （精） 江戶川亂步著
24. 二十面相的詛咒 （精） 江戶川亂步著
25. 飛天二十面相 （精） 江戶川亂步著
26. 黃金怪獸 （精） 江戶川亂步著

・熱 門 新 知・品冠編號 67

1. 圖解基因與 DNA （精） 中原英臣 主編 230 元
2. 圖解人體的神奇 （精） 米山公啟 主編 230 元
3. 圖解腦與心的構造 （精） 永田和哉 主編 230 元
4. 圖解科學的神奇 （精） 鳥海光弘 主編 230 元
5. 圖解數學的神奇 （精） 柳 谷 晃 著

法律專欄連載・大展編號 58

台大法學院 法律學系／策劃
法律服務社／編著

1. 別讓您的權利睡著了(1) 200 元
2. 別讓您的權利睡著了(2) 200 元

・武 術 特 輯・大展編號 10

1. 陳式太極拳入門 馮志強編著 180 元
2. 武式太極拳 郝少如編著 200 元
3. 練功十八法入門 蕭京凌編著 120 元
4. 教門長拳 蕭京凌編著 150 元
5. 跆拳道 蕭京凌編譯 180 元
6. 正傳合氣道 程曉鈴譯 200 元
7. 圖解雙節棍 陳銘遠著 150 元
8. 格鬥空手道 鄭旭旭編著 200 元
9. 實用跆拳道 陳國榮編著 200 元
10. 武術初學指南 李文英、解守德編著 250 元
11. 泰國拳 陳國榮著 180 元
12. 中國式摔跤 黃 斌編著 180 元
13. 太極劍入門 李德印編著 180 元
14. 太極拳運動 運動司編 250 元

15. 太極拳譜　清・王宗岳等著　280 元
16. 散手初學　冷　峰編著　200 元
17. 南拳　朱瑞琪編著　180 元
18. 吳式太極劍　王培生著　200 元
19. 太極拳健身與技擊　王培生著　250 元
20. 秘傳武當八卦掌　狄兆龍著　250 元
21. 太極拳論譚　沈　壽著　250 元
22. 陳式太極拳技擊法　馬　虹著　250 元
23. 二十四式/三十二式 太極拳/劍　闞桂香著　180 元
24. 楊式秘傳 129 式太極長拳　張楚全著　280 元
25. 楊式太極拳架詳解　林炳堯著　280 元
26. 華佗五禽劍　劉時榮著　180 元
27. 太極拳基礎講座：基本功與簡化 24 式　李德印著　250 元
28. 武式太極拳精華　薛乃印著　200 元
29. 陳式太極拳拳理闡微　馬　虹著　350 元
30. 陳式太極拳體用全書　馬　虹著　400 元
31. 張三豐太極拳　陳占奎著　200 元
32. 中國太極推手　張　山主編　300 元
33. 48 式太極拳入門　門惠豐編著　220 元
34. 太極拳奇人奇功　嚴翰秀編著　250 元
35. 心意門秘籍　李新民編著　220 元
36. 三才門乾坤戊己功　王培生編著　220 元
37. 武式太極劍精華 +VCD　薛乃印編著　350 元
38. 楊式太極拳　傅鐘文演述　200 元
39. 陳式太極拳、劍 36 式　闞桂香編著　250 元
40. 正宗武式太極拳　薛乃印著　220 元
41. 杜元化<太極拳正宗>考析　王海洲等著　300 元
42. <珍貴版>陳式太極拳　沈家楨著　280 元
43. 24 式太極拳＋VCD　中國國家體育總局著　350 元
44. 太極推手絕技　安在峰編著　250 元
45. 孫祿堂武學錄　孫祿堂著　300 元
46. <珍貴本>陳式太極拳精選　馮志強著　280 元
47. 武當趙保太極拳小架　鄭悟清傳授　250 元
48. 太極拳習練知識問答　邱丕相主編　220 元

・原地太極拳系列・大展編號 11

1. 原地綜合太極拳 24 式　胡啟賢創編　220 元
2. 原地活步太極拳 42 式　胡啟賢創編　200 元
3. 原地簡化太極拳 24 式　胡啟賢創編　200 元
4. 原地太極拳 12 式　胡啟賢創編　200 元
5. 原地青少年太極拳 22 式　胡啟賢創編　200 元

・名師出高徒・大展編號 111

1. 武術基本功與基本動作　劉玉萍編著　200 元
2. 長拳入門與精進　吳彬　等著　220 元
3. 劍術刀術入門與精進　楊柏龍等著　220 元
4. 棍術、槍術入門與精進　邱丕相編著　220 元
5. 南拳入門與精進　朱瑞琪編著　220 元
6. 散手入門與精進　張　山等著　220 元
7. 太極拳入門與精進　李德印編著　280 元
8. 太極推手入門與精進　田金龍編著　220 元

・實用武術技擊・大展編號 112

1. 實用自衛拳法　溫佐惠　著　250 元
2. 搏擊術精選　陳清山等著　220 元
3. 秘傳防身絕技　程崑彬　著　230 元
4. 振藩截拳道入門　陳琦平　著　220 元
5. 實用擒拿法　韓建中　著　220 元
6. 擒拿反擒拿 88 法　韓建中　著　250 元

・中國武術規定套路・大展編號 113

1. 螳螂拳　中國武術系列　300 元
2. 劈掛拳　規定套路編寫組　300 元
3. 八極拳

・中華傳統武術・大展編號 114

1. 中華古今兵械圖考　裴錫榮　主編　280 元
2. 武當劍　陳湘陵　編著　200 元
3. 梁派八卦掌（老八掌）　李子鳴　遺著　220 元
4. 少林 72 藝與武當 36 功　裴錫榮　主編　230 元
5. 三十六把擒拿　佐藤金兵衛　主編　200 元
6. 武當太極拳與盤手 20 法　裴錫榮　主編　元

・少 林 功 夫・大展編號 115

1. 少林打擂秘訣　德虔、素法　編著　300 元
2. 少林三大名拳　炮拳、大洪拳、六合拳　門惠豐　等著　200 元
3. 少林三絕　氣功、點穴、擒拿　德虔　編著　300 元

・道 學 文 化・大展編號 12

1. 道在養生：道教長壽術　郝勤　等著　250 元

2. 龍虎丹道：道教內丹術 郝勤 著 300元
3. 天上人間：道教神仙譜系 黃德海著 250元
4. 步罡踏斗：道教祭禮儀典 張澤洪著 250元
5. 道醫窺秘：道教醫學康復術 王慶餘等著 250元
6. 勸善成仙：道教生命倫理 李 剛著 250元
7. 洞天福地：道教宮觀勝境 沙銘壽著 250元
8. 青詞碧簫：道教文學藝術 楊光文等著 250元
9. 沈博絕麗：道教格言精粹 朱耕發等著 250元

・易 學 智 慧・大展編號 122

1. 易學與管理 余敦康主編 250元
2. 易學與養生 劉長林等著 300元
3. 易學與美學 劉綱紀等著 300元
4. 易學與科技 董光壁著 280元
5. 易學與建築 韓增祿著 280元
6. 易學源流 鄭萬耕著 280元
7. 易學的思維 傅雲龍等著 250元
8. 周易與易圖 李 申著 250元
9. 易學與佛教 王仲堯著 元

・神 算 大 師・大展編號 123

1. 劉伯溫神算兵法 應 涵編著 280元
2. 姜太公神算兵法 應 涵編著 280元
3. 鬼谷子神算兵法 應 涵編著 280元
4. 諸葛亮神算兵法 應 涵編著 280元

・命 理 與 預 言・大展編號 06

1. 12星座算命術 訪星珠著 200元
2. 中國式面相學入門 蕭京凌編著 180元
3. 圖解命運學 陸明編著 200元
4. 中國秘傳面相術 陳炳崑編著 180元
5. 13星座占星術 馬克・矢崎著 200元
6. 命名彙典 水雲居士編著 180元
7. 簡明紫微斗術命運學 唐龍編著 220元
8. 住宅風水吉凶判斷法 琪輝編譯 180元
9. 鬼谷算命秘術 鬼谷子著 200元
10. 密教開運咒法 中岡俊哉著 250元
11. 女性星魂術 岩滿羅門著 200元
12. 簡明四柱推命學 呂昌釧編著 230元
13. 手相鑑定奧秘 高山東明著 200元
14. 簡易精確手相 高山東明著 200元

15. 13 星座戀愛占卜　彤雲編譯組　200 元
16. 女巫的咒法　柯素娥譯　230 元
17. 六星命運占卜學　馬文莉編著　230 元
18. 簡明易占學　黃曉崧編著　230 元
19. Ａ血型與十二生肖　鄒雲英編譯　90 元
20. Ｂ血型與十二生肖　鄒雲英編譯　90 元
21. Ｏ血型與十二生肖　鄒雲英編譯　100 元
22. ＡＢ血型與十二生肖　鄒雲英編譯　90 元
23. 筆跡占卜學　周子敬著　220 元
24. 神秘消失的人類　林達中譯　80 元
25. 世界之謎與怪談　陳炳崑譯　80 元
26. 符咒術入門　柳玉山人編　150 元
27. 神奇的白符咒　柳玉山人編　160 元
28. 神奇的紫符咒　柳玉山人編　200 元
29. 秘咒魔法開運術　吳慧鈴編譯　180 元
30. 諾米空秘咒法　馬克・矢崎編著　220 元
31. 改變命運的手相術　鐘文訓著　120 元
32. 黃帝手相占術　鮑黎明著　230 元
33. 惡魔的咒法　杜美芳譯　230 元
34. 腳相開運術　王瑞禎譯　130 元
35. 面相開運術　許麗玲譯　150 元
36. 房屋風水與運勢　邱震睿編譯　200 元
37. 商店風水與運勢　邱震睿編譯　200 元
38. 諸葛流天文遁甲　巫立華譯　150 元
39. 聖帝五龍占術　廖玉山譯　180 元
40. 萬能神算　張助馨編著　120 元
41. 神秘的前世占卜　劉名揚譯　150 元
42. 諸葛流奇門遁甲　巫立華譯　150 元
43. 諸葛流四柱推命　巫立華譯　180 元
44. 室內擺設創好運　小林祥晃著　200 元
45. 室內裝潢開運法　小林祥晃著　230 元
46. 新・大開運吉方位　小林祥晃著　200 元
47. 風水的奧義　小林祥晃著　200 元
48. 開運風水收藏術　小林祥晃著　200 元
49. 商場開運風水術　小林祥晃著　200 元
50. 骰子開運易占　立野清隆著　250 元
51. 四柱推命愛情運　李芳黛譯　220 元
52. 風水開運飲食法　小林祥晃著　200 元
53. 最新簡易手相　小林八重子著　220 元
54. 最新占術大全　高平鳴海著　300 元
55. 庭園開運風水　小林祥晃著　220 元
56. 人際關係風水術　小林祥晃著　220 元
57. 愛情速配指數解析　彤雲編著　200 元
58. 十二星座論愛情　童筱允編著　200 元

59. 實用八字命學講義	姜威國著	280 元
60. 斗數高手實戰過招	姜威國著	280 元
61. 星宿占星術	楊鴻儒譯	220 元
62. 現代鬼谷算命學	維湘居士編著	280 元
63. 生意興隆的風水	小林祥晃著	220 元
64. 易學：時間之門	辛　子著	220 元
65. 完全幸福風水術	小林祥晃著	220 元
66. 婚課擇用寶鑑	姜威國著	280 元
67. 2小時學會易經	姜威國著	250 元
68. 綜合易卦姓名學	林虹余著	200 元

・秘傳占卜系列・大展編號 14

1. 手相術	淺野八郎著	180 元
2. 人相術	淺野八郎著	180 元
3. 西洋占星術	淺野八郎著	180 元
4. 中國神奇占卜	淺野八郎著	150 元
5. 夢判斷	淺野八郎著	150 元
6. 前世、來世占卜	淺野八郎著	150 元
7. 法國式血型學	淺野八郎著	150 元
8. 靈感、符咒學	淺野八郎著	150 元
9. 紙牌占卜術	淺野八郎著	150 元
10. ESP 超能力占卜	淺野八郎著	150 元
11. 猶太數的秘術	淺野八郎著	150 元
12. 新心理測驗	淺野八郎著	160 元
13. 塔羅牌預言秘法	淺野八郎著	200 元

・趣味心理講座・大展編號 15

1. 性格測驗（1） 探索男與女	淺野八郎著	140 元
2. 性格測驗（2） 透視人心奧秘	淺野八郎著	140 元
3. 性格測驗（3） 發現陌生的自己	淺野八郎著	140 元
4. 性格測驗（4） 發現你的真面目	淺野八郎著	140 元
5. 性格測驗（5） 讓你們吃驚	淺野八郎著	140 元
6. 性格測驗（6） 洞穿心理盲點	淺野八郎著	140 元
7. 性格測驗（7） 探索對方心理	淺野八郎著	140 元
8. 性格測驗（8） 由吃認識自己	淺野八郎著	160 元
9. 性格測驗（9） 戀愛知多少	淺野八郎著	160 元
10. 性格測驗（10）由裝扮瞭解人心	淺野八郎著	160 元
11. 性格測驗（11）敲開內心玄機	淺野八郎著	140 元
12. 性格測驗（12）透視你的未來	淺野八郎著	160 元
13. 血型與你的一生	淺野八郎著	160 元
14. 趣味推理遊戲	淺野八郎著	160 元
15. 行為語言解析	淺野八郎著	160 元

・婦 幼 天 地・大展編號 16

1.	八萬人減肥成果	黃靜香譯	180 元
2.	三分鐘減肥體操	楊鴻儒譯	150 元
3.	窈窕淑女美髮秘訣	柯素娥譯	130 元
4.	使妳更迷人	成 玉譯	130 元
5.	女性的更年期	官舒妍編譯	160 元
6.	胎內育兒法	李玉瓊編譯	150 元
7.	早產兒袋鼠式護理	唐岱蘭譯	200 元
8.	初次懷孕與生產	婦幼天地編譯組	180 元
9.	初次育兒 12 個月	婦幼天地編譯組	180 元
10.	斷乳食與幼兒食	婦幼天地編譯組	180 元
11.	培養幼兒能力與性向	婦幼天地編譯組	180 元
12.	培養幼兒創造力的玩具與遊戲	婦幼天地編譯組	180 元
13.	幼兒的症狀與疾病	婦幼天地編譯組	180 元
14.	腿部苗條健美法	婦幼天地編譯組	180 元
15.	女性腰痛別忽視	婦幼天地編譯組	150 元
16.	舒展身心體操術	李玉瓊編譯	130 元
17.	三分鐘臉部體操	趙薇妮著	160 元
18.	生動的笑容表情術	趙薇妮著	160 元
19.	心曠神怡減肥法	川津祐介著	130 元
20.	內衣使妳更美麗	陳玄茹譯	130 元
21.	瑜伽美姿美容	黃靜香編著	180 元
22.	高雅女性裝扮學	陳珮玲譯	180 元
23.	蠶糞肌膚美顏法	梨秀子著	160 元
24.	認識妳的身體	李玉瓊譯	160 元
25.	產後恢復苗條體態	居理安・芙萊喬著	200 元
26.	正確護髮美容法	山崎伊久江著	180 元
27.	安琪拉美姿養生學	安琪拉蘭斯博瑞著	180 元
28.	女體性醫學剖析	增田豐著	220 元
29.	懷孕與生產剖析	岡部綾子著	180 元
30.	斷奶後的健康育兒	東城百合子著	220 元
31.	引出孩子幹勁的責罵藝術	多湖輝著	170 元
32.	培養孩子獨立的藝術	多湖輝著	170 元
33.	子宮肌瘤與卵巢囊腫	陳秀琳編著	180 元
34.	下半身減肥法	納他夏・史達賓著	180 元
35.	女性自然美容法	吳雅菁編著	180 元
36.	再也不發胖	池園悅太郎著	170 元
37.	生男生女控制術	中垣勝裕著	220 元
38.	使妳的肌膚更亮麗	楊 皓編著	170 元
39.	臉部輪廓變美	芝崎義夫著	180 元
40.	斑點、皺紋自己治療	高須克彌著	180 元
41.	面皰自己治療	伊藤雄康著	180 元

42. 隨心所欲瘦身冥想法	原久子著	180元
43. 胎兒革命	鈴木丈織著	180元
44. NS磁氣平衡法塑造窈窕奇蹟	古屋和江著	180元
45. 享瘦從腳開始	山田陽子著	180元
46. 小改變瘦4公斤	宮本裕子著	180元
47. 軟管減肥瘦身	高橋輝男著	180元
48. 海藻精神秘美容法	劉名揚編著	180元
49. 肌膚保養與脫毛	鈴木真理著	180元
50. 10天減肥3公斤	彤雲編輯組	180元
51. 穿出自己的品味	西村玲子著	280元
52. 小孩髮型設計	李芳黛譯	250元

・青 春 天 地・大展編號17

1. A血型與星座	柯素娥編譯	160元
2. B血型與星座	柯素娥編譯	160元
3. O血型與星座	柯素娥編譯	160元
4. AB血型與星座	柯素娥編譯	120元
5. 青春期性教室	呂貴嵐編譯	130元
7. 難解數學破題	宋釗宜編譯	130元
9. 小論文寫作秘訣	林顯茂編譯	120元
11. 中學生野外遊戲	熊谷康編著	120元
12. 恐怖極短篇	柯素娥編譯	130元
13. 恐怖夜話	小毛驢編譯	130元
14. 恐怖幽默短篇	小毛驢編譯	120元
15. 黑色幽默短篇	小毛驢編譯	120元
16. 靈異怪談	小毛驢編譯	130元
17. 錯覺遊戲	小毛驢編著	130元
18. 整人遊戲	小毛驢編著	150元
19. 有趣的超常識	柯素娥編譯	130元
20. 哦！原來如此	林慶旺編譯	130元
21. 趣味競賽100種	劉名揚編譯	120元
22. 數學謎題入門	宋釗宜編譯	150元
23. 數學謎題解析	宋釗宜編譯	150元
24. 透視男女心理	林慶旺編譯	120元
25. 少女情懷的自白	李桂蘭編譯	120元
26. 由兄弟姊妹看命運	李玉瓊編譯	130元
27. 趣味的科學魔術	林慶旺編譯	150元
28. 趣味的心理實驗室	李燕玲編譯	150元
29. 愛與性心理測驗	小毛驢編譯	130元
30. 刑案推理解謎	小毛驢編譯	180元
31. 偵探常識推理	小毛驢編譯	180元
32. 偵探常識解謎	小毛驢編譯	130元
33. 偵探推理遊戲	小毛驢編譯	180元

34. 趣味的超魔術　廖玉山編著　150元
35. 趣味的珍奇發明　柯素娥編著　150元
36. 登山用具與技巧　陳瑞菊編著　150元
37. 性的漫談　蘇燕謀編著　180元
38. 無的漫談　蘇燕謀編著　180元
39. 黑色漫談　蘇燕謀編著　180元
40. 白色漫談　蘇燕謀編著　180元

・健康天地・大展編號 18

1. 壓力的預防與治療　柯素娥編譯　130元
2. 超科學氣的魔力　柯素娥編譯　130元
3. 尿療法治病的神奇　中尾良一著　130元
4. 鐵證如山的尿療法奇蹟　廖玉山譯　120元
5. 一日斷食健康法　葉慈容編譯　150元
6. 胃部強健法　陳炳崑譯　120元
7. 癌症早期檢查法　廖松濤譯　160元
8. 老人痴呆症防止法　柯素娥編譯　170元
9 松葉汁健康飲料　陳麗芬編譯　150元
10. 揉肚臍健康法　永井秋夫著　150元
11. 過勞死、猝死的預防　卓秀貞編譯　130元
12. 高血壓治療與飲食　藤山順豐著　180元
13. 老人看護指南　柯素娥編譯　150元
14. 美容外科淺談　楊啟宏著　150元
15. 美容外科新境界　楊啟宏著　150元
16. 鹽是天然的醫生　西英司郎著　140元
17. 年輕十歲不是夢　梁瑞麟譯　200元
18. 茶料理治百病　桑野和民著　180元
20. 杜仲茶養顏減肥法　西田博著　170元
21. 蜂膠驚人療效　瀨長良三郎著　180元
22. 蜂膠治百病　瀨長良三郎著　180元
23. 醫藥與生活　鄭炳全著　180元
24. 鈣長生寶典　落合敏著　180元
25. 大蒜長生寶典　木下繁太郎著　160元
26. 居家自我健康檢查　石川恭三著　160元
27. 永恆的健康人生　李秀鈴譯　200元
28. 大豆卵磷脂長生寶典　劉雪卿譯　150元
29. 芳香療法　梁艾琳譯　160元
30. 醋長生寶典　柯素娥譯　180元
31. 從星座透視健康　席拉・吉蒂斯著　180元
32. 愉悅自在保健學　野本二士夫著　160元
33. 裸睡健康法　丸山淳士等著　160元
34. 糖尿病預防與治療　藤山順豐著　180元
35. 維他命長生寶典　菅原明子著　180元

36. 維他命 C 新效果	鐘文訓編	150 元
37. 手、腳病理按摩	堤芳朗著	160 元
38. AIDS 瞭解與預防	彼得塔歇爾著	180 元
39. 甲殼質殼聚糖健康法	沈永嘉譯	160 元
40. 神經痛預防與治療	木下真男著	160 元
41. 室內身體鍛鍊法	陳炳崑編著	160 元
42. 吃出健康藥膳	劉大器編著	180 元
43. 自我指壓術	蘇燕謀編著	160 元
44. 紅蘿蔔汁斷食療法	李玉瓊編著	150 元
45. 洗心術健康秘法	竺翠萍編譯	170 元
46. 枇杷葉健康療法	柯素娥編譯	180 元
47. 抗衰血癒	楊啟宏著	180 元
48. 與癌搏鬥記	逸見政孝著	180 元
49. 冬蟲夏草長生寶典	高橋義博著	170 元
50. 痔瘡・大腸疾病先端療法	宮島伸宜著	180 元
51. 膠布治癒頑固慢性病	加瀨建造著	180 元
52. 芝麻神奇健康法	小林貞作著	170 元
53. 香煙能防止癡呆？	高田明和著	180 元
54. 穀菜食治癌療法	佐藤成志著	180 元
55. 貼藥健康法	松原英多著	180 元
56. 克服癌症調和道呼吸法	帶津良一著	180 元
57. B 型肝炎預防與治療	野村喜重郎著	180 元
58. 青春永駐養生導引術	早島正雄著	180 元
59. 改變呼吸法創造健康	原久子著	180 元
60. 荷爾蒙平衡養生秘訣	出村博著	180 元
61. 水美肌健康法	井戶勝富著	170 元
62. 認識食物掌握健康	廖梅珠編著	170 元
63. 痛風劇痛消除法	鈴木吉彥著	180 元
64. 酸莖菌驚人療效	上田明彥著	180 元
65. 大豆卵磷脂治現代病	神津健一著	200 元
66. 時辰療法—危險時刻凌晨 4 時	呂建強等著	180 元
67. 自然治癒力提升法	帶津良一著	180 元
68. 巧妙的氣保健法	藤平墨子著	180 元
69. 治癒 C 型肝炎	熊田博光著	180 元
70. 肝臟病預防與治療	劉名揚編著	180 元
71. 腰痛平衡療法	荒井政信著	180 元
72. 根治多汗症、狐臭	稻葉益巳著	220 元
73. 40 歲以後的骨質疏鬆症	沈永嘉譯	180 元
74. 認識中藥	松下一成著	180 元
75. 認識氣的科學	佐佐木茂美著	180 元
76. 我戰勝了癌症	安田伸著	180 元
77. 斑點是身心的危險信號	中野進著	180 元
78. 艾波拉病毒大震撼	玉川重德著	180 元
79. 重新還我黑髮	桑名隆一郎著	180 元

80. 身體節律與健康　林博史著　180 元
81. 生薑治萬病　石原結實著　180 元
83. 木炭驚人的威力　大槻彰著　200 元
84. 認識活性氧　井土貴司著　180 元
85. 深海鮫治百病　廖玉山編著　180 元
86. 神奇的蜂王乳　井上丹治著　180 元
87. 卡拉 OK 健腦法　東潔著　180 元
88. 卡拉 OK 健康法　福田伴男著　180 元
89. 醫藥與生活　鄭炳全著　200 元
90. 洋蔥治百病　宮尾興平著　180 元
91. 年輕 10 歲快步健康法　石塚忠雄著　180 元
92. 石榴的驚人神效　岡本順子著　180 元
93. 飲料健康法　白鳥早奈英著　180 元
94. 健康棒體操　劉名揚編譯　180 元
95. 催眠健康法　蕭京凌編著　180 元
96. 鬱金（美王）治百病　水野修一著　180 元
97. 醫藥與生活　鄭炳全著　200 元

・實用女性學講座・大展編號 19

1. 解讀女性內心世界　島田一男著　150 元
2. 塑造成熟的女性　島田一男著　150 元
3. 女性整體裝扮學　黃靜香編著　180 元
4. 女性應對禮儀　黃靜香編著　180 元
5. 女性婚前必修　小野十傳著　200 元
6. 徹底瞭解女人　田口二州著　180 元
7. 拆穿女性謊言 88 招　島田一男著　200 元
8. 解讀女人心　島田一男著　200 元
9. 俘獲女性絕招　志賀貢著　200 元
10. 愛情的壓力解套　中村理英子著　200 元
11. 妳是人見人愛的女孩　廖松濤編著　200 元

・校園系列・大展編號 20

1. 讀書集中術　多湖輝著　180 元
2. 應考的訣竅　多湖輝著　150 元
3. 輕鬆讀書贏得聯考　多湖輝著　180 元
4. 讀書記憶秘訣　多湖輝著　180 元
5. 視力恢復！超速讀術　江錦雲譯　180 元
6. 讀書 36 計　黃柏松編著　180 元
7. 驚人的速讀術　鐘文訓編著　170 元
8. 學生課業輔導良方　多湖輝著　180 元
9. 超速讀超記憶法　廖松濤編著　180 元
10. 速算解題技巧　宋釗宜編著　200 元

11. 看圖學英文	陳炳崑編著	200元
12. 讓孩子最喜歡數學	沈永嘉譯	180元
13. 催眠記憶術	林碧清譯	180元
14. 催眠速讀術	林碧清譯	180元
15. 數學式思考學習法	劉淑錦譯	200元
16. 考試憑要領	劉孝暉著	180元
17. 事半功倍讀書法	王毅希著	200元
18. 超金榜題名術	陳蒼杰譯	200元
19. 靈活記憶術	林耀慶編著	180元
20. 數學增強要領	江修楨編著	180元
21. 使頭腦靈活的數學	逢澤明著	200元
22. 難解數學破題	宋釗宜著	200元

・實用心理學講座・大展編號 21

1. 拆穿欺騙伎倆	多湖輝著	140元
2. 創造好構想	多湖輝著	140元
3. 面對面心理術	多湖輝著	160元
4. 偽裝心理術	多湖輝著	140元
5. 透視人性弱點	多湖輝著	180元
6. 自我表現術	多湖輝著	180元
7. 不可思議的人性心理	多湖輝著	180元
8. 催眠術入門	多湖輝著	150元
9. 責罵部屬的藝術	多湖輝著	150元
10. 精神力	多湖輝著	150元
11. 厚黑說服術	多湖輝著	150元
12. 集中力	多湖輝著	150元
13. 構想力	多湖輝著	150元
14. 深層心理術	多湖輝著	160元
15. 深層語言術	多湖輝著	160元
16. 深層說服術	多湖輝著	180元
17. 掌握潛在心理	多湖輝著	160元
18. 洞悉心理陷阱	多湖輝著	180元
19. 解讀金錢心理	多湖輝著	180元
20. 拆穿語言圈套	多湖輝著	180元
21. 語言的內心玄機	多湖輝著	180元
22. 積極力	多湖輝著	180元

・超現實心靈講座・大展編號 22

1. 超意識覺醒法	詹蔚芬編譯	130元
2. 護摩秘法與人生	劉名揚編譯	130元
3. 秘法！超級仙術入門	陸明譯	150元
4. 給地球人的訊息	柯素娥編著	150元

5. 密教的神通力　劉名揚編著　130元
6. 神秘奇妙的世界　平川陽一著　200元
7. 地球文明的超革命　吳秋嬌譯　200元
8. 力量石的秘密　吳秋嬌譯　180元
9. 超能力的靈異世界　馬小莉譯　200元
10. 逃離地球毀滅的命運　吳秋嬌譯　200元
11. 宇宙與地球終結之謎　南山宏著　200元
12. 驚世奇功揭秘　傅起鳳著　200元
13. 啟發身心潛力心象訓練法　栗田昌裕著　180元
14. 仙道術遁甲法　高藤聰一郎著　220元
15. 神通力的秘密　中岡俊哉著　180元
16. 仙人成仙術　高藤聰一郎著　200元
17. 仙道符咒氣功法　高藤聰一郎著　220元
18. 仙道風水術尋龍法　高藤聰一郎著　200元
19. 仙道奇蹟超幻像　高藤聰一郎著　200元
20. 仙道鍊金術房中法　高藤聰一郎著　200元
21. 奇蹟超醫療治癒難病　深野一幸著　220元
22. 揭開月球的神秘力量　超科學研究會　180元
23. 西藏密教奧義　高藤聰一郎著　250元
24. 改變你的夢術入門　高藤聰一郎著　250元
25. 21 世紀拯救地球超技術　深野一幸著　250元

・養 生 保 健・大展編號 23

1. 醫療養生氣功　黃孝寬著　250元
2. 中國氣功圖譜　余功保著　250元
3. 少林醫療氣功精粹　井玉蘭著　250元
4. 龍形實用氣功　吳大才等著　220元
5. 魚戲增視強身氣功　宮 嬰著　220元
6. 嚴新氣功　前新培金著　250元
7. 道家玄牝氣功　張 章著　200元
8. 仙家秘傳袪病功　李遠國著　160元
9. 少林十大健身功　秦慶豐著　180元
10. 中國自控氣功　張明武著　250元
11. 醫療防癌氣功　黃孝寬著　250元
12. 醫療強身氣功　黃孝寬著　250元
13. 醫療點穴氣功　黃孝寬著　250元
14. 中國八卦如意功　趙維漢著　180元
15. 正宗馬禮堂養氣功　馬禮堂著　420元
16. 秘傳道家筋經內丹功　王慶餘著　300元
17. 三元開慧功　辛桂林著　250元
18. 防癌治癌新氣功　郭 林著　180元
19. 禪定與佛家氣功修煉　劉天君著　200元
20. 顛倒之術　梅自強著　360元

國家圖書館出版品預行編目資料

愛犬的教養與訓練／池內好雄監著，劉雪卿譯
——初版，——臺北市，大展，民86
面；　公分，——（休閒娛樂；4）
譯自：愛犬のしつけとトレーニング
ISBN 957-557-732-9（平裝）
1.犬—飼養
437.664　　86007359

AIKEN NO SHITSUKE TO TOREININGU
Supervised by Yoshio Ikeuchi

Original Japanese edition
published by Seibido Shuppan Co., Ltd.
Chinese translation rights
arranged with Seibido Shuppan Co., Ltd.
through Japan Foreign-Rights Centre/ Hongzu Enterprise Co., Ltd.
版權仲介／宏儒企業有限公司

愛犬的教養與訓練　ISBN 957-557-732-9

監著者／池內好雄
編譯者／劉　雪　卿
發行人／蔡　森　明
出版者／大展出版社有限公司
社　址／台北市北投區（石牌）致遠一路2段12巷1號
電　話／（02）28236031・28236033・28233123
傳　真／（02）28272069
郵政劃撥／01669551
E-mail／dah_jaan@pchome.com.tw
登記證／局版臺業字第2171號
承印者／高星印刷品行
裝　訂／協億印製廠股份有限公司
排版者／弘益電腦排版有限公司
初版1刷／1997年（民84年）6月
初版2刷／2003年（民92年）4月

定價／250元